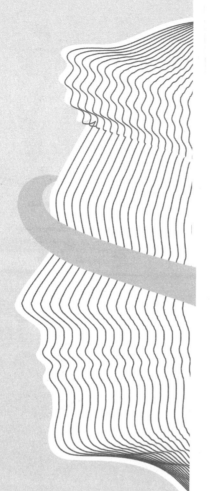

俗意识

朝歌————

编著

北方联合出版传媒(集团)股份有限公司

万卷出版有限责任公司

图书在版编目（ＣＩＰ）数据

潜意识 / 朝歌编著. — 沈阳 : 万卷出版有限责任
公司, 2024.1
　　ISBN 978-7-5470-6411-5

　　Ⅰ.①潜… Ⅱ.①朝… Ⅲ.①下意识—通俗读物
Ⅳ.①B842.7-49

中国国家版本馆CIP数据核字（2023）第227677号

出版发行：北方联合出版传媒（集团）股份有限公司
　　　　　万卷出版有限责任公司
　　　　　（地址：沈阳市和平区十一纬路29号　邮编：110003）
印 刷 者：三河市南阳印刷有限公司
幅面尺寸：160mm×230mm
字　　数：173千字
印　　张：13
出版时间：2024年1月第1版
印刷时间：2024年1月第1次印刷
责任编辑：高　爽
封面设计：韩海静
版式设计：郭红玲
责任校对：张　莹
ISBN 978-7-5470-6411-5
定　　价：59.00元
联系电话：024-23284090
传　　真：024-23284448

前　言

潜意识是什么？

潜意识是人心理活动中不能被认知或没有认知到的部分，是已经发生的但并未达到意识状态的心理活动。

从某种意义来说，潜意识与意识相对，是一些并非主观、"特意"、理性的行为或心理。在生活中，我们可能会遇到这种情况：突然对某件事有一些直觉，预感许久不见的朋友会与自己联系，果然没过几天，朋友真的来了电话；出现记忆偏差，明明记得某事是这样，然而经别人指点，却发现自己记错了；出现口误，明明想说A，偏偏脱口说出B；对某件事有莫名的恐惧……

之所以出现以上情形，是因为潜意识控制了我们，而我们却毫无察觉，甚至并未意识到潜意识的存在。事实上，潜意识无处不在，并且几乎不停止工作。即使我们在睡眠中，潜意识也在继续工作。比如在深夜，我们已经睡熟，这时周围出现一些细微的响声，我们的意识听不到这些声音，但是潜意识却听到了。潜意识把声音传输给大脑，大脑又给意识发出信息，让其察觉到响声的存在。

潜意识还藏着我们童年的记忆、伤痛——它们看似被我们忘记了，但实际上只是被隐藏在潜意识深处，促使我们在某个时刻，面对某件事时，莫名地产生恐惧、不安、无助等情绪，也促使我们无法摆脱困惑、失败和不快乐。

人从负面状态、消极情绪过渡到正面状态、积极情绪，并非主观心理在起作用，而是潜意识导致的。通过自我暗示与催眠，我们便可知道：潜意识中蕴藏着无穷的力量，我们暗示或催眠的过程就是在给自己的潜意识下指令，只要潜意识接受了这个指令，就会转变且释放正面能量。这种正面能量从潜意识层面进入意识层面时，就控制了我们的情绪、思想与行为。

当然，潜意识中隐藏与压抑着我们内心深处的需求、渴望与欲望。在潜意识的引领下，它们也影响着我们的选择，进而一步步化为现实。

可以说，潜意识是无法察觉的，却影响、控制人的一切行为，同时蕴藏着自身尚未发掘与利用的能量和潜力。我们只有认识和发掘自己的潜意识，以一种积极的方式改变它，才可以发现未知的自己，激发出自身最大的潜能。

目 录

第一章

解剖潜意识，发现未知的自己

　意识是我们可以感知的事件与情感状态，对我们有很大的影响，但是也容易被改变。潜意识则不同，它是深藏在我们内心的意识丛和情绪丛，很难被察觉。只有发现它、认识它，我们才能发现未知的、真实的自己。

认识你自己，发现潜意识

尼采说，离每个人最远的，就是他自己。很多时候，我们是不了解自己的，或是对自己的认知有偏差。比如，你以为自己很重要，受老板重视，被朋友喜欢，然而事实与你想的不一样，你只是自我感觉良好罢了。因为你对自己和未来的期待，影响了你的自我认知，于是"我想象的"和"现实中的"形成反差。

之所以会这样，是因为在这些人的潜意识中，对自身的评价主要取决于他人的评价，而不是自身的评价。这些人无法根据自身机体产生的满足感来评价自己，无法更好地接受自己和信任自己。这可能源于本身的不自信，也可能源于童年时期的经历。

女孩晓菲不仅长得好，而且事业好，追求者众多，但是她拒绝了那些条件好的男生，选择了最普通的那个。这是因为她的骨子里有着强大的自卑感，潜意识中认为自己配不上优秀的人。根源在于，晓菲有一个完美的双胞胎姐姐，因为姐姐的存在，她的整个童年、青春期都一片"灰暗"。她没有姐姐漂亮，没有姐姐优秀，是个不完美的"丑小鸭"。

虽然在别人看来晓菲也很优秀，她也努力做出改变，拼命地追上姐姐，但是她内心的自卑感与无力感并未消失，让她无法摆脱"我不完美""我是个丑小鸭"的魔咒，进而无法真正地认识和接纳自己。

　　男孩李俊渴望成功，但又惧怕成功，急切寻找机会证明自己，获得升职加薪的机会。然而，等到上司给他机会时，他却退缩、迟疑了，最后在悔恨和自我怀疑中挣扎。几次三番，李俊成为公司的边缘人物，渴望成功，却一直无法成功。

　　这源于李俊童年的"阴影"。从小到大，他渴望被夸奖和赞赏的需求都没有得到满足——经过努力，他拿到了97分，兴冲冲地告诉母亲，却换来冷冷一句："那3分呢？为什么丢掉了？"英语竞赛拿到全班级第一名，他希望得到母亲的赞赏，却被泼了凉水："这点儿小成绩就骄傲了！你要知道'人外有人，天外有天'，你离全市第一、全国第一，还远呢……"

　　因为渴望被别人夸奖和赞赏的需求得不到满足，无法享受到成就感和价值观，于是，他的潜意识中压抑着深深的对自我价值的怀疑。结果就是，不管怎样努力，他都无法享受到成就感，只能有瞬间的快感，之后又很快陷入自我价值感的失衡之中，最后行动与愿望相反。

　　所以说，现实生活中，很多人无法摆脱失败和挫折，时时处于焦虑、迷茫、逃避或无助中；很多人沉迷于所谓的成功，执迷、骄傲，找不到方向……这些情况的出现，大多是受到潜意识的影响：因为他们无法真正认识自己，所以更无法真正地引导自己；因为无法从基础层面消除消极成分，所以内心能量无法得到开发，生活也得不到改变。

　　因此，我们需要认识自己，了解内心深处那个真正的自己，然后接纳和改正自己。这样一来，才能活出真实的自我，实现自身的成长。当然，认识自我包括三方面，即生理自我、社会自我和心理自我。

　　生理自我，就是对我们的身体、性别、形体、容貌、年龄、健康状况等生理特质的认识。接纳真实的自己，不因身体有缺陷或不足，如肥胖、腿脚不便、脸上有胎记、脸蛋不漂亮等而不接纳自己，心存自卑甚至自我厌弃。

社会自我，就是对我们在群体中的地位、名望、影响力、受人欢迎或尊敬的程度等方面的认识，不因出身不好而抱怨，不因失败而沮丧，不因无法得到别人的好感和认同而迷茫，更不盲目地改变自己。

心理自我，就是对我们的智力、兴趣、爱好、气质、性格等诸方面心理特点的认识，接纳和肯定自我价值，强调自我理想，消除消极的成分，开发内心的能量。

可以说，只有真正认识自我，从生理自我到心理自我，才能发现世界以及人生的不同。如果我们对自我一无所知，或是无法认识和接纳真实的自己，就无法发现潜意识，进而被潜意识所驱动，无法真正掌控自己的人生。

我们需要认识更深刻的自己，那个内心深处隐藏的自我。事实上，在心理学中，认识自己的能力被叫作自我觉察。虽然大部分人具有自我觉察力，但是真正能觉察自己的内心，且了解别人如何看待自己的人只有不到15%。那么，我们应该认识和了解自己的哪些方面呢？

《洞察力》一书的作者、美国心理学家塔莎·欧里希列出七大方面，即价值观，包括我们认为哪些东西最具有价值，目标是什么，行为的标准是什么；梦想，热爱的事情是什么，会为了什么事情付出热情和努力；自我抱负，我们想从生活中得到什么，希望未来成为什么样的人；与环境的关系，喜欢社交还是独处，喜欢什么样的工作环境；行为模式，在特定时间内采取什么样的行为，如与他人相处是和善还是苛刻，做事是果断还是犹豫；在亲密关系中是习惯赞美还是批评，是鼓励还是冷嘲热讽；面对外界的信息，通常会做出什么样的反应。比如，面对批评、压力、挫折时，是敏感、暴躁、逃避还是勇敢面对、积极对应。最后，认识自己对他人的影响力，比如是受人欢迎还是冷待厌恶，是让人感到温暖还是觉得冷酷。

通过自我觉察，我们便可以更好地了解自己，发现自己本质上是什么样的人，以及我们在他人的眼中是什么样子。如果你还未曾发现和了解自己，那么就从现在开始吧！当然，发现三个自我的理论和自我觉察的理论有所不同，也有重复的部分，但是不管你采取哪一种方式，都需要注意一点，即主动且客观。

一定要正确地认识自己，加深对自己的了解，发现真实的自己，深入自己的潜意识，如此便可以洞察自己的信念、心态、行为模式，从中找到自己言行内在的原因，从而有效改变自己，成就人生。

潜意识的"冰山"

人是受意识支配的。日常的思想、行为和决策都是有意识的念头，不管你承认还是不承认，这都不可改变。不过，这些思想、行为和决策，只有少部分是被意识控制，其余绝大部分是由潜意识主宰的。

那么，潜意识的能量究竟有多大呢？

这不得不提到弗洛伊德的"冰山"理论。"冰山"只是一个比喻，漂浮在大海中的冰山，常常给人一种假象——它很小，只有浮在表面的那么大。然而，这只是它露在外面的极小一部分，大概5%而已，其余的95%都隐藏在水下。真正决定它的"威胁力"的，往往不是小小的5%，而是水面下的95%———旦轮船忽视了这一点，很可能因撞到水面以下的部分而沉没。

换句话说，如果我们把意识比喻成浮在表面的冰山一角，那么隐藏在水面下的、不为人所觉察的那个庞然大物，就是我们的潜意识。意识是我们可以感知的事件与情感状态，是直接、清晰的，和我们生活的环境有关，对我们的影响不那么明显，也容易被改变。但是潜意识就不一样了，它是深藏在我们内心的意识丛和情绪丛，虽然很难被察觉到，但是无形中决定了我们的思想、行为与决策。

如果向深挖掘的话，我们可以发现潜意识共有三个层次：一是模式层，属于潜意识的浅层，可以通过训练感知，比如自我印象、行为背后的想法、某个时刻的感受，等等；二是架构层，其潜意识更加深了一个层次，包括价值观、信念，也包括认知，以及激发出的潜能；三是心智模式层，属于最深层次的潜意识，一部分是人类共有的，如需求、动机，另一部分则源于自身的经历和记忆，如心理创伤、情结等。除此之外，潜意识的冰山之下，还有一个神秘的力量——人类的本能，包括本能的欲望、生理上的需求等。

事实上，约拿情结就源于潜意识的影响。它是由著名心理学家马斯洛提出的。约拿是一个虔诚的犹太先知，出自《圣经》。他内心渴望着被神差遣，受到神的重用。终于有一天，神给了他一个重要且光荣的任务：宣布赦免一座本来要被罪行毁灭的城市——尼尼微城。但是接到这个任务后，他却逃跑了，害怕完成这样的任务。他开始东躲西藏，躲避着信仰的神。神不断地寻找他、唤醒他，甚至还惩罚他被一条大鱼吞掉。最后，在不断的犹豫和反复中，他终于悔改，完成了这个任务。然而，等任务完成后，他依旧选择躲避起来，逃避人们的感谢与纪念，将所有人的目光引向了神。

约拿情结是绝大部分人普遍存在的一种心理现象，简单来说就是对成长的恐惧，在机遇面前自我逃避，不敢做自己能做好的事情，甚至逃避发掘自己的潜能。但是从另一方面来说，他又嫉妒别人的成功，心里巴不得别人失败。

不妨回忆一下，你是否有类似的经历：

有一个竞聘店长的机会，你想争取这个机会，也写好了自荐稿，还站在了老板办公室的门口，但最终没有敢敲开门，因为担心自己不能胜任，担心自己不被老板认可；

工作中不敢表现自己，怕"枪打出头鸟"，但是看着爱表现的同事升职加薪，又心有不甘，说："其实她只是会拍马屁……"

有帅气、事业有成的男友爱着自己，但却总是浮现"我不配""我是不是在做梦"的念头；

比赛前做了充分的准备，关键时刻却异常紧张起来，有了退缩的想法；

……

如果你有类似的经历，那说明你的潜意识里存在消极成分——不自信，不敢迎接挑战，患得患失。在这些消极情绪与思想的影响下，你的自我价值很难得到充分的发展与实现，自然就无法成功。

从自我实现来说，约拿情结其实就是一种逃避高级追求和自我实现的心理障碍。这与一个人的成长环境和成长经历有关。如果童年时期时常被贬低、打击，他无法看到自我价值，便会产生"我不行""我办不到"的想法，且根植于潜意识深处；如果无法获得安全感和成长机会，便会患得患失或是刻意迎合，不敢展现自己的价值。

正因如此，这些人往往会在快要成功或是即将实现自我价值时，开启自我防卫意识，拒绝成长，拒绝承担更大的责任。这个时候，他们的内心是纠结的，时刻考问自己：是应该前进还是逃避，是应该谨慎小心还是挑战自我？

　　这看似是意识在主导，其实完全是潜意识在控制。渴望成功，又害怕成功，这种冲突可以被我们意识到，但大多时候，它被抑制在潜意识中，阻碍了自我价值的实现。

　　可以说，潜意识是人的本能，包含着我们生活中的种种积淀。它的力量是非常巨大的，要比意识的力量大三万倍以上。而且，我们任何的潜能开发，任何的希望实现，都要依靠潜意识。所以，我们应该认识意识之下的"冰山"，不要总是向外部世界寻求，而是唤醒和挖掘潜意识的力量，让积极的成分不断涌入。一旦做到最大限度地利用自己的积极情感，刺激积极情感的意识冲动，同时挑战和突破自我，便可以爆发出无限能量。

意识、前意识与潜意识

人们的许多行为源于潜意识，而潜意识就是潜藏在我们一般意识下的一股神秘力量，虽然我们感觉不到它，但是深受它的影响。

不过，想要了解潜意识，我们需要先了解意识和前意识。按照弗洛伊德的理论，意识、前意识和潜意识是三个不同的层次。如我们之前所说，一个人的内心好比一座漂浮在海平面上的冰山，浮在水面上的那一小部分，是意识；冰山在水面上下浮沉的那一部分，即水面之下清晰可见的那一部分，是前意识；隐藏在水面之下的庞然大物，便是潜意识。

这就好像有些东西我们看不见，但并不意味着它不存在。潜意识也是如此，它的本质是深层次的，是不易被发现的，但的确存在着。前意识，是连接一个人意识和潜意识的那一部分。事实上，弗洛伊德提出"潜意识"这一概念，并不是凭空想象的，而是经过了深入的研究。

1905年，弗洛伊德提出第一个理论，认为意识是唯一一个思想存在的地方。比如，我们进行思考、算术，就是意识在工作；感知外界和现实的各种刺激，察觉自己的思想、情绪和行动的目的，也属于意识的范畴。

前意识，是潜伏的无意识，其心理活动是在一个人出生后的成长发育过程中形成的。处于前意识的心理活动不能被我们直接觉察到，需要回忆、提醒才能进入意识。比如，我们之前经历的事情、感受，经过别人的提醒则能回忆起来。

潜意识，是我们的本能，如生理上的欲望，饿了就有吃饭的欲望。然而，随着与这个世界的接触，视觉、听觉、嗅觉以及触觉等不间断地向大脑输送信息。这些信息被储存在潜意识中，在它们进入意识前，我们根本无法感知和觉察到。

这些信息在潜意识中也会被加工。比如，我们熟知的"一朝被蛇咬，十年怕井绳"，在潜意识中，我们会记住蛇、疼痛这样的信息，并把这些信息连接在一起。井绳和蛇又具有相似性，井绳的象征意义就成了被蛇咬的人心中的情结，看到它就会想起被咬的体验，对于蛇、与蛇相似的事物产生极大的恐惧，形成一种阴影。

有些时候，潜意识也可以默默地帮助我们。当我们遭受压力，或是处于逆境的时候，心灵深处就会激发出一种本能，给我们以积极的暗示。

一位心理学家做过爬楼实验，他把目标定为30层，看看这个过程中自己走到多少层时会出现疲劳感，到何种程度能战胜负面状态，完成这一艰难的挑战。

因为这个挑战很难，所以心理学家一开始就做好了放弃的准备。刚爬了3层楼，他就感到疲惫，而随着楼层的增高，疲惫感越来越强烈。他想要放弃，但是因为要实验，所以不得不坚持下去。接下来，他不知道自己是如何爬上楼梯的，意识已经完全被疲劳感占据了。但是他不断地告诉自己："我得坚持，实验还没有结束。"

坚持了许久之后，他感觉身上的负面状态已经消失。当他到达第21层时，虽然身体很疲惫，但是内心不用与负面状态对抗，情绪几乎是愉悦的。为什么会这样呢？因为他给了自己心理暗示，而这种暗示则来源于潜意识。潜意识中蕴藏着巨大能量，并在这种暗示下被激发出来，让心理学家完成了实验，不间断地爬了30层楼，完成了"不可能完成"的事情。

1924年，弗洛伊德对于潜意识有了新的理解。他提出前意识是指一个人当前暂时没有意识到的思想和感觉，但很容易进入意识的部分，它存在于意识之下、潜意识之上。

在弗洛伊德看来，意识、前意识和潜意识是三个不同的层次，但又是一个相互联系的有机结构。他做了一个形象的比喻：潜意识系统是一个门厅，各种心理冲动好像许多个体，聚集在一起。与门厅相连的第二个房间好像一个接待室，意识就停留于此。门厅和接待室之间的门口有一个守卫，负责检查各种心理冲动，不允许那些不赞同的冲动进入接待室，这些就是潜意识。那些被允许进入接待室的冲动，进入前意识系统之后，一旦引起意识的注意，就成了意识。

接下来，弗洛伊德又提出了本我、自我、超我的理论。这三个概念与意识、前意识、潜意识是完全不同的，不过后者是"容器"，自我、本我、超我是三个人格。

本我是人类最初的意识，是在人出生那一刻就存在的。它追寻的是纯粹的愉悦感，如衣食住行、性爱，不顾及其他，没有组织欲望的能力。比如，本我同时想要吃饭和睡觉的时候，不知道应该先做哪个，在没有自我调节的情况下往往会陷入焦虑，婴儿便是如此。成年人的本我一般存在于潜意识中，被自我和超我压制了。

自我的活动占据了意识的很大一部分，它会规划要做什么，比如先吃饭再睡觉，作用就是调节本我和超我。

超我来源于社会的道德观念，是与自我同时出现的。

本我、自我和超我三者构成人的完整人格。人的一切心理活动都可以从它们之间的联系中得到合理的解释。

可以说，弗洛伊德提出本我、自我和超我三个概念，目的是解释意识和潜意识的形成与相互关系。本我，代表着欲望，是完全的潜意识，同时受到意识的支配；自我，大部分是意识，是本我在现实中的产物，负责处理现实世界的事情；超我，部分是意识，属于人格结构中的道德部分，是道德化的自我。

然而，意识、前意识和潜意识与本我、自我和超我不是一一对应的关系，本我不等于潜意识。就是说，人的原始欲望对其产生的影响，不一定属于潜意识对其产生的影响。比如，你感觉到饥饿，这个感觉从潜意识，经过前意识，进入意识中。于是，经过思考，你选择去吃饭。虽然这个冲动的来源是本我，但它是一个意识的活动。潜意识对人的影响，则是人们所不知道的心理活动，主要体现为口误、癔症、遗忘、梦等。

大脑怎样产生潜意识

毫无疑问，潜意识是心理学中最为神秘且独特的内容。弗洛伊德认为潜意识是个人灵魂的掌权者，意识只是负责看管、监督潜意识的"看守"。他的理论影响了无数心理学人对潜意识进行研究，但是由于时代、科技的局限，他未能进一步对潜意识进行研究与挖掘。尽管如此，现代的心理学还是吸收了他的部分理论，在一定程度上对大脑产生的潜意识进行分析与解释。

其实，潜意识就是人的大脑在飞速运转时将埋藏在大脑深处的所有信息挑选、提取出来，面对一些事物、场合、人群时再及时地给予反馈。神经学家苏扎娜·赫尔库拉诺·霍泽尔在一项研究中得出结论：人类的大脑有将近860个神经元，每个神经元由多个突触连接着，这些突触储存着人们接受到的一切可以归结到记忆的信息。就是因为这些信息储存在大脑中，人们才能在某些时刻觉察到潜意识。

可以说，潜意识的产生过程和意识的产生过程几乎是一致的，只不过意识提取的原材料和产生过程是被人们觉察的，潜意识提取的原材料和产生过程是不被人们觉察的。比如，那些已经成为过去、被人们遗忘了的东西——内心压抑的情感，成为人们潜意识中的元素，平时不被察觉，但在某个关键时刻会左右人们的选择，直接左右人的命运。

北野武是享誉国际的大导演，是日本电影界乃至世界电影界的重量级人物。熟悉他的人都知道，北野武的电影有一个共同的主题——压抑、反抗、释放。虽然电影中有枪战、白刃战，有暴力、血腥，但是又充满无奈和惆怅。

这是因为他的潜意识中压抑着不满，渴望反抗与释放。在他功成名就后，一位记者曾提出这样的问题："为什么您的电影总是用这样极端的风格来表达自己？"他思考了许久，最后说："或许，在潜意识里，我是一直在表现什么。"

这一切都缘于他童年以来压抑的情感，那个埋藏已久，看似已被忘却，实际上无法忘却的痛苦经历。北野武的父亲是一个油漆工，工作很辛苦，但时常酗酒，几乎每天都喝得醉醺醺地回家。父亲很少与孩子们交流，更不会给予孩子以关怀，甚至不是打就是骂。

母亲每天也工作到很晚，回家后还要做大量的家务，照顾丈夫和孩子。所以，疲惫让她的脾气很暴躁，也无法给予孩子温暖与体贴，只能采取简单粗暴的方法来教育——严格要求，拒绝孩子的所有要求。

在北野武最渴望母爱和父爱的时候，他得到的却是父亲的暴力和母亲的冷漠、严厉。虽然他曾经想办法吸引父母的注意力，但是一切都无济于事。于是，他开始叛逆，如逃学、与坏孩子混在一起、打架斗殴……结果，换来的是加倍的打骂、苛责、冷待。

就这样，北野武在暴力和冷漠中长大。之后，虽然他远离了家乡，凭借自己的努力成为功成名就的大导演，但是在他的潜意识中，他渴望父母的爱，也充满对父母的不满。这种需求得不到满足，于是他在电影中有意无意地表达内心深处的情感，希望能得到释放和满足。

因此，本质上说，潜意识不是由大脑产生的，而是储存在大脑中的。在人们的潜意识中，有被遗忘的记忆，被压抑的情感和欲望，也有那些自己认为的不被现实或世人接受的观念。

具体来说，潜意识主要由四个方面组成：一是天生的潜意识，即基因遗传带来的本能的自动反应，如恐高、怕黑等。二是反复直接或暗示输入信息形成的潜意识。从众心理就是一个很好的例子，商家举办促销活动，吸引大量消费者集中购买，就是利用间接暗示的方法来左右人们的潜意识，然后促使潜意识左右人们的行为。再如，父母对孩子的贬低、语言暴力等，都将在孩子的大脑中形成消极信息的积累，进而影响孩子的性格、心理以及整个人生。一位母亲望子成龙，对孩子的不上进感到焦虑，于是经常打骂指责孩子："你是聋了吗？我的话你都听不见？""你就是一个笨蛋，长大后也一无是处！"这样的话不自觉地深入孩子的潜意识，将来他在听觉方面很可能有心理障碍，或是脑袋真的"变笨"。三是内心压抑的情感诉求或心理创伤。比如，孩子小时候被父母抛弃过，潜意识中就会存在抛弃感，等到成年后，那些记忆似乎已经忘记，但是仍缺少安全感，无法与人建立信任关系和亲密感。四是意识中某些不被超我和道德允许的东西，往往被压抑进潜意识，如嫉妒、性欲、爱上教师、破坏欲、暴力倾向等。

简言之，潜意识决定我们的主要行为模式和心理反应模式、人格特征，储存在我们的大脑中。这些信息不被意识层面觉察，但反过来会影响我们的意识。当到了某个时刻，潜意识就会在意识的范围之外影响我们的行为与命运。所以，荣格说，"潜意识即命运"。

潜意识 ≠ 无意识

因为弗洛伊德将人的心理结构划分为三个层次，即意识、前意识和无意识，于是，有人把无意识和潜意识等同起来。事实上，这存在翻译的偏差。在弗洛伊德的理论中，无意识并不等于潜意识。

弗洛伊德在其早期理论中认为，人的心理分为两部分：一部分是意识，另一部分是无意识。他和布洛伊尔在治疗歇斯底里病时发现，患者并不能意识到自己的一切情绪。催眠患者时，如果他能回忆起有关病症的经历，并且倾诉出来，内心就会变得舒畅起来，病情也有所好转。所以，弗洛伊德认为，患者的情绪被压抑，被排挤到意识之外，潜伏在无意识中，所以才会出现歇斯底里病症。正因为这样，弗洛伊德认为，人的心理结构包括意识和无意识两部分。

他认为，无意识包括个人原始的盲目冲动、各种本能，以及与本能有关的欲望。这些冲动、本能、欲望与社会风俗、习惯、道德、法律不相容，所以被压抑或排挤在意识之下。但是它们并没有消失，而是不自觉地积极地活动着。就是因为弗洛伊德的无意识具有这样的性质，所以人们把这个无意识等同于潜意识，或是称为"下意识"。

无意识是心理结构的最后一个组成部分，也是弗洛伊德精神分析学说的基本出发点和前提。经过深入的研究，弗洛伊德把无意识分解成两种不同的心理活动，即前意识和潜意识。前者是能够被意识接受的那部分，后者则是不能被意识接受的那部分。

换句话说，前意识和潜意识都属于无意识的范畴。无意识，就是我们所说的下意识，是一个人独特的情结和人格对事物做出的瞬间反应，是习惯性或是偶然性的行为状态。它不是没有意识，而是没有经过意识指导的行为状态。潜意识则是人类内在的本我具有的意识，反映的是人的内在人格以及原始欲望，是人真正的精神实质。

可以说，无意识的范畴远远大于潜意识。荣格又对潜意识理论进行发展，认为无意识中存在着与情感、思维、记忆相关联的情结，而情结是一种自主结构，具有自身的内驱力，可以极大地影响和控制我们的思想与行为。

荣格还提出了集体无意识，认为集体无意识对于个人而言，是一种比经验更深刻的本能性的东西。他认为本能是典型的行为模式，当我们面对普遍一致、反复发生的行为和反应模式时，就是在与本能打交道；本能往往会带来对自身的感知，这就是直觉。它是对高度复杂的情境的无意识的、合目的的领悟。他还发现，人类存在一些先天固有的直觉形式，即知觉和领悟的原型，本能和原型就构成集体无意识的内容。

集体无意识是一种典型的群体心理现象，无处不在，且一直默默地对我们的社会、思想和行为产生深刻的影响。

潜意识虽然隐蔽，但并非无迹可寻

意识是人当下能认知和察觉的所有思想、情感与知觉，我们正在感受着的、思考着的都处于意识层面。潜意识则是隐藏的，说得上是"神龙见首不见尾"，它无时无刻不在运动，我们却极少察觉到，甚至无法察觉。

不过，潜意识虽然隐蔽，但并非无迹可循。它通常会通过很多细节表现出来，只要我们能细心观察、感知，便可发现蛛丝马迹。

比如，我们之所以呈现今天的自己，不是父母、着装、工作、姓名、环境或者其他东西塑造的，而是潜意识塑造的。潜意识通过一点一滴影响我们的身体状态、思维、情绪、一举一动，让我们选择不同的生活状态，形成不同的性格特征、兴趣爱好、行为习惯，最后塑造成这样的自己，而不是那样的自己。

恰如阿根廷诗人博尔赫斯的一句诗："有一个人立意要描绘世界。随着岁月流转，他画出了省区、王国、山川、港湾、船舶、岛屿、鱼虾、房舍、器具、星辰、马匹和男女。临终之前不久，他发现自己耐心勾勒出来的纵横线条竟然会合成了自己的模样。"

反过来，我们可以依照自身的个性、情绪、选择来按图索骥，发现和了解潜意识。来看这个事例。

方奇原本是某家销售企业的部门经理，很有能力、勇气，短短几年便从普通员工晋升为部门经理。不过，他并不满足，决定跳槽到一家著名国企，闯过几关后，进入了最后的面试环节。这一次，他被人事专员领到一间办公室，然后被告知："现在，请您进入这间办公室。这里面有很多道门，每道门上都写着您想应聘的职位，房间里还有这个职位所需要的资料。之后，您可以随意选择，但是当您离开之后，这道门就会自动锁上。也就是说，每道门您只有一次选择机会，只能够前进，不能后退。现在请您开始选择吧，祝您好运！"

听完介绍，方奇推开门，径直走进办公室，看到房间里果真有两道门：第一道门上挂着一个牌子，上面写着"助理"；另一道门上写着"销售"。他直接选择后者，进入下一个房间。紧接着，在第二个房间又看见两道门：一个写着"经理助理"，一个写着"部门经理"。原本自己就做到了部门经理，来应聘就是为了有更大的发展，所以他毫不犹豫地选择了前者。

进入第三个房间后，他翻阅了一下桌上的资料，发现以自己的能力完全可以胜任这个职位。但是如果满足于现状，哪有更大的发展？于是，他来到下面两道门前，看到上面分别写着"销售经理"和"副总"。

他立即放下手里的资料，走进那道贴着"副总"的门。进门的那一刻，他就愣住了，因为那两道门上一个写着"销售"，一个写着"客服"。为什么职位变低了？这是怎么回事？顿时他很后悔没有选择那个"销售经理"，即便之前的"部门经理"也好啊！可是，既然选择了，就没有回头的余地，只能硬着头皮选择"销售"。

进入房间后，他惊喜地发现这里竟然有三道门：一个写着"销售总监"，另一个写着"生产部总监"，还有一个是"总经理"。他仔细地翻阅桌上的资料，觉得自己如果加把劲的话，能胜任"销售总监"这个职位；因为自己不懂得生产，很难胜任"生产部总监"的工作；至于"总经理"，更是没有什么可能了。然而，这道门充满诱惑，让他忍不住推开了。没想到，这一次他竟然站在大街上。

醒悟过来后，他立即想要退回，但是门已经自动关闭。这时，他在门上看到一行小字："我们公司可以提供很多职位，但唯一不缺的就是总经理。"

方奇的处境，是因为他的选择，而他的选择，则被潜意识左右。通过这个过程，我们可以发现，他的潜意识中有太大的野心和过多的欲望。因为野心与欲望的驱使，他不满足于现状，不断追求事业的成功；同样因为有太大的野心和太多的欲望，他迷失了自我，无法正确认识自我的能力与价值，进而做出错误选择，失去大好的机会。

潜意识也可以让我们产生某种看似神秘、毫无理由的直觉、感觉或错觉。这些东西可以被我们感知，也可以击穿我们的大脑，促使我们做出"奇怪"的行为。因此，只要我们能细心一些，多思考，更专注，便能够了解其背后运作的潜意识。

有这样一个故事：

1941年，德军对英国进行了猛烈的空袭，英国首相丘吉尔时常在夜晚前往阵地视察。一天晚上，他视察完阵地后准备乘车离开。当助手打开车门的时候，丘吉尔却绕到另一边。他刚离开，一颗炸弹就从天而降。如果丘吉尔没有绕开，那么他就有可能丧命。

事后，妻子问丘吉尔为什么会换到另一边，丘吉尔说："当我要上车时，有个声音对我说停下，从另一扇门上车，于是我就照办了。"

实际上，这就是直觉，它来源于人的潜意识捕捉到了威胁、危险。

所以，我们平时要相信直觉，并且利用一些方法提高直觉的准确度，进而根据一些看似奇怪的迹象来了解潜意识。

除此之外，潜意识也有邪恶的一面。我们生活中表现出来的焦虑、恐惧、嫉妒、拖延、懒惰、报复等，都是因为受到了潜意识的左右与控制。只不过有时这些潜意识被压抑了，没有进入意识层面；有时这些潜意识冲破了阻碍，被意识知道了、觉察了，还影响了意识。

实际上，当我们的理智与情绪发生冲突时，就是潜意识与意识在"打架"，它想要冲破前意识、意识的阻碍，这时就是我们感知和认识潜意识的最佳时刻。

通过梦境、微动作等，我们也可以发现、察觉隐藏的潜意识。关于这些问题，我们在之后会详细讲解，这里不再多说。

第二章 <<<
潜意识的"工作原理"

　　潜意识不会受到意识本身理性的影响，通常会在人的意识无法感知的情况下"工作"，让身体做出自然、本能的反应。于是，在我们未觉察的情况下，潜意识影响了我们的生理状况和心理状态，产生错乱的记忆、直觉、"脑补"、口误、侵入性思维等问题。

"伪造"的记忆

很多人听说过"曼德拉效应",它是指集体记忆出现错乱、偏差的情形。

曼德拉是南非一位非常有名且伟大的总统,领导了反种族运动,被南非和世界人民敬仰。2013年,曼德拉因病逝世。然而,在这个消息公布之后,很多人感到惊讶:"我记得曼德拉早在20世纪80年代就已经在监狱中死亡了,世界上的很多媒体还报道了这个事件。""我也记得是这样,还记得在媒体上看到人们追悼他的情形。"还有一部分人说看过一部纪念曼德拉的电影……

生活中还有很多类似的情形。比如,我们到了一个地方,明明之前没有来过,却觉得画面很熟悉,感觉自己曾经来过;再如,很多人的记忆中蒙娜丽莎的微笑是没有弧度的,只是看似微笑而已,而这个微笑却是有弧度的。实际上,这就是一部分人群共同出现的记忆偏差,源于人们潜意识中的认知与实际现象不符而出现了记忆错乱。

科学家曾做过这样一个实验:他们模拟了一个车祸现场,然后将其展示给两组人看,要求其中一组人估计出两车碰撞时的车速,同时要求另一组的人估计出两车撞毁时的车速。结果,前者估计的平均速度为34 km/h，后者估计的平均速度是41 km/h，只因科学家询问时使用的词汇不同——前者是"碰撞"，后者是"撞毁"，结果就有很大的差异。后来，科学家又询问两组人是否看到了碎玻璃，前者中有14%的人说看到了，后者中则有32%的人说看到了。然而真相是，车祸现场并没有碎玻璃。

这个实验说明，仅仅变换几个引导词，就会引导人们对于事件的回忆产生很大的差异。如果有人向我们提供了错误信息，误导我们回忆经历过的事情，完全可以改变我们的记忆。曼德拉效应之所以出现，就是因为人们接受了错误的信息，而又因为信息众多、杂乱被其误导，产生了错误的记忆。时间一长，这个记忆看似淡了、消失了，却在某个时刻因为某个刺激从潜意识进入意识层面，左右了我们的看法与判断。

事实上，大多数情况下，除了有意识强化的一些记忆外，人们的大脑是不会对大部分记忆有深刻的印象的。人们若是沉浸在过去的事件中，大脑在强化、渲染回忆这件事的情绪时，就会特意修改记忆，让不那么美好的事情变得美好。比如，女生忘不了初恋，总是想念男友的好，于是大脑就会强化和渲染初恋的美好，伪造出一份美好的回忆——明明两人有争吵、不和，回忆里却充满甜蜜；明明男友有缺点，回忆里他却是完美的。

更重要的是，人们容易接受错误的信息，一旦接受有意无意的暗示与引导，便会"偷偷篡改记忆"。一般来说，记忆分为三个步骤——编码、存储、检索。就好像某一时间发生的事情被我们封存在箱子里，等到需要时再提取出来，但是因为长时间没有利用这些信息，原本清晰的记忆就会变得模糊。如果我们对记不清的事情保持沉默，那么便不会篡改和伪造记忆。但是，如果不是这样，便会下意识地重构自己的记忆。我们在检索记忆时会回忆，但是有时候自己根本没有意识到这只是回忆。在这个过程中，我们会将接收到的新信息、看到的类似场景，和之前记忆中有关的信息整合起来，偷偷地修改记忆。

一位名叫洛塔斯的心理学家做过一个实验。她招募了24名志愿者，分别从他们的多名亲人口中收集到其童年时期的真实事件，然后把这些事情加上一些捏造的片段（如五六岁时在一个商场走失，你感到很恐慌，害怕得大哭，最后在一个老爷爷的帮助下找到亲人），形成4个记忆片段，将其记录在一张纸上并交给当事人。同时，她对这些志愿者强调，他们的亲人都清晰地记得这样的事情发生过。

之后，洛塔斯分别与这些人交谈，询问他们关于这件事的细节。结果，6个人说记得这件事，并且补充了很多细节。其中一名14岁男孩说，帮助自己的老爷爷穿着蓝色的灯芯绒外衣，头有点儿秃，戴着眼镜。当自己看到母亲时，母亲还教训了自己，嘱咐他下次不能再犯这样的错。

后来，洛塔斯告诉志愿者说这4个记忆片段中有1个是捏造的，6个人中只有1个将它正确地说了出来，其余5人仍坚持自己的记忆没有出错。这说明洛塔斯成功地对他们植入了错误记忆，即记忆是可以伪造的。

为了验证这个结论，洛塔斯又做了其他实验，给志愿者植入小时候差点被淹死、有个救生员救了他的记忆，小时候被危险的动物袭击过的记忆，小时候目睹过恶魔上身的记忆……结果，志愿者中有三分之一的人被伪造了记忆。

之所以会这样，是因为用来介入的这些记忆或是有意提供的信息不是虚妄的，而是从潜意识的储存库中过滤出来的几乎真实的细节。人们的大脑储存库中充满了其真实经历的生理感知和心理体验，所以足以用这样的素材来伪造不曾经历的事件。

当然，催眠也可以伪造记忆，因为它大大地增加了人们对暗示性的反应能力，让人更容易接受暗示，引导自发的精神活动指向暗示的事件。所以在影视剧中，我们看到了类似的情节：催眠师为主人公植入一些错误记忆，进而达到误导的目的。

可见，记忆是非常脆弱的。当我们接收各种各样的信息、有意无意的暗示和引导时，都会多次篡改和伪造一些细节的记忆，且不被意识察觉。当我们多次回忆的时候，记得的只是重建的记忆，而不是原本的事实，这些都是潜意识导致的。

感觉是潜意识为你做的选择

什么是感觉？

简单来说，它是由人的感觉器官捕捉到外在信息发生变化时引起的生理反应和心理活动。比如，我们紧张的时候可能会发抖、冒冷汗、起鸡皮疙瘩，不小心被热水烫到手、被锤子砸到手时会感觉到疼痛、火辣辣的。

感觉的表现形式是情绪，它也是人们心理活动的外在体现。那么，感觉从何而来？其实，人的所有感觉，包括外部感官如眼、耳、鼻、口、皮肤感觉到的热、冷、辣等，内部感官如内心感觉到的高兴、愤怒、哀伤以及恐惧，还有平衡感、节奏感、运动感、兴奋感、生物钟等，都不是意识掌控的，而是潜意识的选择。

这个理论是心理学家威廉·詹姆斯提出来的。他出生于美国一个富裕的家庭，年少时曾经跟随父亲环游世界，在多个城市如巴黎、纽约、伦敦、日内瓦、波恩等上过学。他还曾前往亚马孙流域，虽然不得不忍受晕船的痛苦，还不幸地染上天花，但仍坚持完成医学研究科目，获得哈佛大学医学博士学位。

不过，他并没有从事医学有关的工作，而是走上心理学研究的道路。1867年，詹姆斯前往德国的一个温泉度假村休养。在那里，他听了威廉·冯特的讲座，开始研究和挑战心理学。他广泛阅读德国心理学和哲学家的书籍，同时完成哈佛大学的学业。不幸的是，就在从哈佛大学毕业之时，他患上了抑郁症。当时除了痛苦和自我厌恶，他感觉不到任何美好的东西。

詹姆斯感觉异常痛苦，甚至愿意到精神病院接受治疗。然而，一篇关于意志的文章改变了他，让他决定用自己的意志来抵抗痛苦和抑郁。1872年，詹姆斯的情况有所好转，之后一直教授生理学和心理学的关系这门学科，还发表了关于感觉的理论文章。1884年，他发表了什么是情绪的论文，解释了自己对于感觉的理解，指出人类的情绪，如惊讶、好奇、狂喜、恐惧、愤怒、渴望、贪婪等类似感觉都伴随着一定的身体变化，如脉搏加快、呼吸加速、肢体动作或表情变化。

他认为，人的身体变化是由对某个令人激动的事实的感知而引起的，我们对于这个事实产生的感受就是情绪。如果在对这个事实的观察中没有发生任何身体变化，那么所谓的情绪只是一种以认知模式存在的、黯淡的、剥离了所有情感温度的东西。

换句话说，我们不是因为愤怒而发抖，不是因为愉悦而微笑，而是因为发抖而感觉愤怒，因为微笑而感觉愉悦。我们身体发抖，所以意识到自己正在愤怒；我们嘴角上扬，所以意识到自己心情愉悦。就像认知一样，我们的感觉是根据大脑中的数据信息产生的。如我们之前所说，这些信息绝大部分来源于我们的潜意识。简单来说，我们的感官获取信息，潜意识处理这些信息，促使它们被意识察觉，进而产生有意识的感觉。

所以，在生活中我们产生哪些感觉，做出何种选择，都是潜意识为我们做的选择。我们参加一个聚会，是感觉愉快还是沉闷，主要取决于潜意识。如果在聚会上你遇到了喜欢的人，或是听到着迷的音乐，你的潜意识便倾向于传输愉悦感觉的信号；你到某地旅游，买下一个价值昂贵的纪念品，虽然你不确定它是否物美价廉，但内心是愉悦的。因为你或许喜欢它能把自己的房间装扮得很温馨的感觉，或许觉得它很像之前某个很重要的人送自己的礼物，或许还有其他原因。但不管怎样，因为你潜意识喜欢它，所以你选择了它，并且感到心情愉悦。

不妨看下这个故事：

女孩黎黎从小就与爷爷奶奶生活在一起，因为父母在大城市打拼，无暇照顾她。后来，父母的经济条件好了，便把黎黎接到身边上学，这时她已经12岁，且父母又生下了弟弟。所以，虽然父母对她不错，想要补偿她，但是她总感觉有一丝疏离。

黎黎好像没有受到太大的伤害，理解父母的苦衷，也接受了与父母不够亲密无间的相处模式。然而，在之后的时间里，她是痛苦的、压抑的，情绪也非常焦虑，时不时就发脾气。她的情绪时常是失控的，尤其是和弟弟相处时——弟弟和她亲昵一些，她便会不自在，想要躲避；父母对弟弟更好一些，她便不自觉地伤感，认为父母始终最爱的是弟弟，对自己只是为了尽责任。

所以，黎黎不是感觉不到痛，而是把这份痛隐藏在内心深处。从小渴望父母的关爱，渴望与父母亲昵的需求和愿望，正是她情绪焦虑、反应强烈的根源。童年时期，她不在父母身边，感受不到父母的关爱与照顾，于是潜意识里获取的信息：我不被人爱，我没有安全感，我是被"抛弃"的。这个潜意识导致她产生了强烈的渴望和期待：被人爱、被人呵护，一旦遇到一些"特殊"事件，那些不安全、不被爱的信息就会被触发，焦虑、伤感、愤怒等有意识的感觉就产生了。

换句话说，黎黎从小缺乏爱和安全感的痛苦一直都存在于她的潜意识中。她以为自己不在乎，以为时间长了这种感觉就不存在了，然而事实上，这个潜意识一直操纵着她的情绪和行为，也影响着她的性格、行为模式和命运。

自我感觉良好的背后

大多数人认为自己比别人聪明，别人比自己差；认为工作出现问题，错不在自己，而是缺乏好条件，或是其他人的不配合、能力不足造成的；认为别人的评价和建议有失公正，是在鸡蛋里挑骨头，故意与自己作对。

有趣吧！绝大部分人，包括我们也时常处于自我感觉良好的状态，这是因为个体倾向于以有利于自身的方式进行自我知觉。我们完成一件事情时，往往倾向于把成功归因于自己；如果我们没有完成这件事，则通常会把失败归因于其他人或是其他因素。虽然很多时候人们不是故意抬高自己，但因为了解自己多于了解他人，于是便"理所当然"地自我感觉良好，认为自己处处都好，别人则不如自己。

在一家公司里，年轻人李飞自我感觉良好，认为自己是名牌大学高才生，别人处处不如自己，所以平时自视清高、傲气十足，做工作也是挑大嫌小。一天下午，部门接到一个十分紧急的任务，要求所有人临时加班，抓紧完成手里的工作，并不得不做一些额外的任务。当经理把收集资料的任务交代给李飞时，他竟然傲慢地说："为什么让我做这样的小事，我不干！我到公司里来，从来不是做琐碎工作的。"

听了这话，经理一下就怒了，但还是平静地说："你不要太自我感觉良好，你只是一个新人，这里哪个人不比你有才能，不比你有经验？如果你觉得做这样的事是对你的侮辱，那就另谋高就吧！"

李飞一怒之下离开了公司。本以为凭借自己的能力很快就能找到更好的职位，施展自己的才华，结果跑了几个月都没一个好结果，换了好几份工作，他都觉得不满意。最后，他承认是自己的过失了吗？并没有，他只是抱怨别人"不识人才"，说自己运气不好……

很显然，在李飞的自我世界里，他是优秀的、有能力的，配得上更好的职位和工作。当别人不认同这一点时，错就在别人身上，而不是他自己。这样一来，他会产生自我感觉良好的认知，认为别人对自己有很高的期待，甚至表现出极度的、盲目的乐观。

像李飞这样的人绝不是少数。有人调查过100万名高中生，在被要求评估自己与他人相处的能力时，100%的学生认为自己至少处于平均水平，60%的学生认为自己的能力处于前10%，25%的学生认为自己的能力处于前1%。

在被要求评估自己的领导能力时，98%的学生认为自己的能力高于平均水平，只有2%的学生认为自己的能力低于平均水平。调查者还对大学教授进行了调查，竟有94%的人认为自己的能力要比平均水平高。

讽刺的是，人们往往能意识到这些偏见的存在，但是只能看到别人的缺点，却无法察觉到自己的形象与实际的并不一致。原因很简单，我们在绘制自我图像的时候，潜意识往往把事实和幻想混淆在一起，按照我们希望的那样夸大自己的优点，最小化自己的弱点。于是，我们喜欢的那一部分（有能力、聪明、善于与人交往等）被无限地放大，而讨厌或不满意的那一部分（过失、不聪明、决策不正确等）被无限地缩小了。结果，我们的意识还在傻傻地欣赏着这幅自画像，并且相信它是"真实的自我"。

这就是心理学上所说的动机性推理，它让我们相信自己很能干、很优秀，要比别人强很多，感觉自己是独一无二的。当然，这种推理塑造了我们理解生活环境的方式，也帮助我们证实了内心的良好感觉。不过，人习惯于自我感觉良好，还有一个关键因素——模糊性。模糊性在事实中建立了一个可以左右摇摆的空间，所以当潜意识占据这个空间时，便形成了一个关于自我、他人以及生活环境的描述——它可以让我们在低落的时候给予自己安慰，并且把自身以及生活描绘得更好。

所以，自我感觉良好就是一种偏差的知觉，就是我们潜意识中对于自我形象的幻想、模糊和描绘。只要我们没有意识到自己的认知偏差，大脑就会倾向于保护我们"完美""突出"的形象。

不幸的是，它还可能让人在某些时候陷入"达克效应"。所谓"达克效应"，是指能力欠缺的人往往有一种虚幻的自我优越感，错误地认为自己很优秀。在这种情况下，人们通常会高估自己的能力水平，低估别人的能力水平，而且越是能力低的人，越容易自我感觉良好，越无知的人越自信。

因为无法真正认识自我，这些人往往沉浸在自我营造的优越感、盲目自信之中，成为"普信人"。

你被什么潜意识情结困扰

"情结"这个词，在今天来说已经非常普及，时常被很多人提及，如恋母情结、恋父情结、初恋情结等。情结，就是个体潜意识的主要内容。任何人都有情结，当我们在个人潜意识里存放越来越多的信息后，就会把它们组织起来。随着同一主题所组成的情绪、记忆、直觉以及诉求聚集在一起形成情绪性观念群的时候，人们就会形成某一情结。

情结是人类成长所必须的，一旦形成，它就会不受意识控制，然后反过来介入和影响意识。虽然情结本没有好与坏的分别，但是它却困扰着我们，影响着我们，以至于产生不好或负面的行为与结果。换句话说，绝大部分情结是未被看见或疗愈的伤痛留在潜意识里形成的。

有这样一个女孩，名叫阿梅，事业有成，开了一家规模不小的美容院，长得也优雅漂亮，然而她的生活并不幸福。她已经35岁，但至今单身，每段感情都维持不久，长则一年，短则两三个月，而且总是被分手的那一个。或许有人认为她骄纵，不懂付出，然而事实恰恰相反，在恋爱中，她都是付出的那一方。

她总是温柔地对待男友，站在对方的角度思考，愿意为男友付出一切。她习惯性地安排男友的一切，不仅包括生活中的种种，甚至连工作都包揽过来。她的某任男友是销售员，偶尔抱怨销售不好做，完不成业绩，她便利用自己的关系网为男友拉客户。这或许可以理解，更过分的是，她竟然让朋友、员工在男友手里买东西，然后给他们报销。男友发现后责怪她，她竟然觉得自己帮了对方大忙，还说出常说的那句话："我是为了你好！"结果，男友再也不能忍受，决然地提出分手。

阿梅还特别包容，能容忍男友的一切错误。她的某任男友开始表现得很好，关心她，工作也积极，然而没过多长时间就变了：不好好工作，只待在家里打游戏；花钱大手大脚，时常让她给自己买奢侈品；还在网上参与赌博，输掉了许多钱。被阿梅发现后，男友立即保证说以后绝不再赌博，会努力赚钱，给予阿梅幸福的生活。阿梅轻易地就原谅了他，但没过多久，男友又一次偷了她的钱去赌博……几次三番，阿梅无数次原谅，无数次失望，仍不舍得分手和放弃。在她看来，男友是爱自己的，只是年轻气盛，不懂事，只要自己努力，终有一天能让他成长和醒悟。最后呢？男友却离开了她，因为他又爱上了一个年轻的女孩——单纯的白富美。

阿梅表现出来的心理状态，其实就是拯救者情结。在与一任任男友的恋爱中，她始终承担着拯救者的身份，不管是无条件的付出，还是无原则的原谅，目的都是"拯救"。这种情结的形成源于她内心深处要拯救父亲的渴望。

阿梅的家境很普通，父亲没多大本事，只是工厂的技工，工资低，勉强维持家庭开支。后来，因为工厂效益不好，父亲失去工作，只能靠打零工赚些小钱，这让家里的生活更加拮据。阿梅的母亲则是个倔强、不服输的女人，为了分担家里的重担，过上好日子，开始做些小生意。没想到，生意越做越红火，不仅改变了家里的经济状况，还为一家人带来不小的财富。

慢慢地，母亲越来越能干，也越来越强势，总是抱怨父亲没有本事，指责他的无能。父亲则越来越唯唯诺诺，不与母亲争辩，讨好着、照顾着母亲。只是私下里，父亲也会和阿梅诉苦，自责没本事。

阿梅在这样的家庭中长大，看着父亲的无奈与苦闷，一方面看不起懦弱无能的父亲，另一方面又想要拯救父亲。这种拯救者情结在平时没有被觉察，但是在亲密关系中就凸显了出来。阿梅想要拯救男友，希望他变好，以弥补内心深处的情感需求——对于父亲的同情和歉疚感。

有拯救者情结的人，很博爱，很包容，总是会被一些柔弱的、堕落的人吸引。面对这样的人，他们往往会产生一种强烈的保护欲和拯救欲。这也是很多女孩爱与"坏男孩"交往的原因。

所以说，情结就是以往经历的创伤郁结于心中，是隐藏在我们潜意识深处的情感。它会控制我们的情绪、感受和理性，让我们做出强迫性、重复性的选择。当然，有一些情结是先天形成的，如恋母情结；有一些情结与个人特定的经历有关，如军人情结。

很多人有军人情结，对于军人有着一种强烈的向往和爱戴，渴望成为军人，或是渴望嫁给军人。这与个人的特殊经历有关，可能是小时候遭遇危险被军人所救，也可能是出身军人世家，或是崇拜某个军人英雄形象。

情结，有时也可能是一个人的执念，如初恋情结。初恋是美好的、难忘的，如果一个人因为种种原因不能与初恋在一起，如遭到家人强烈的反对，便会形成初恋情结，对初恋念念不忘，之后恋爱的对象都是"菀菀类卿"，或是身上具有初恋的某个特征。这是因为，人们对已完成了的、已有结果的事情极易忘怀，而对中断了的、未完成的、未达目标的事情却总是记忆犹新。同时，如果初恋时发生过刻骨铭心的事情，之后因种种原因两人分开，也会让人念念不忘，成为潜意识中隐藏最深的符号。

另外，一些长期积累下来的思想和观念，也会让人产生潜意识情结。比如，受传统腐朽思想的影响，受男权意识的影响，一些男士存在处女情结，会在意女友是不是处女，甚至存在偏执的思想。

所以说，每个人的心理发展过程都不是一帆风顺的，或多或少都隐藏着未被疗愈的创伤。这些情结困扰着我们，但并不意味着它无法解开。只要我们能打开潜意识的通道，释放淤积的情绪，治愈过去的创伤，便可以给自己松绑。

人们为什么喜欢"脑补"

人们喜欢"脑补",而且这种脑补是自发自动的。比如,你看到朋友哭丧着脸,且听她说见过男友,你便会脑补起来:她可能和男友吵架了,因为男友爱玩游戏,忽视了她的感受。两人争吵得很激烈,说了难听的话。朋友也可能与男友分手了,于是大哭一场,情绪很糟糕。

再如,母亲打电话说给你做了喜欢的美食,喊你早些回家吃饭。这时候,你也会不自觉地脑补起来:母亲在厨房里忙碌着,心情愉快地哼着广场舞歌曲,锅里炖着你最爱吃的红烧肉,餐桌上已经摆好可乐鸡翅、白灼菜心、椒盐虾……父亲也高兴地摆着碗筷,只要你一到家,一家人就可以边畅聊边享受美食。

"脑补"的机制,真的是一个很有意思的现象。虽然大脑所获取的信息是有限的、离散的,却可以把这些信息联系起来,形成新的、完整的信息或画面。就好像我们在观察一个图片时,其某个图形是由大量的点组成的,这些点组成三个圆圈和一条弧线,你立即将它脑补成"人脸""笑脸"(☺)。

其实,从心理学来说,"脑补"也叫作空想性错觉,是潜意识整理和利用感官数据的结果。我们的眼睛看到的、耳朵听到的、肢体触摸到的都是劣质、模糊、单向的信息,即点就是点,线就是线,但是大脑会根据获取的信息进行填补,让我们联想出高清、完整的信息。

当然，之所以人们善于"脑补"，不仅与潜意识中对于信息的整理有关，还与过去的经历、记忆、认知有关。因为我们熟悉某些事物，所以才能脑补出完整的信息。比如，即便别人把蒙娜丽莎的脸遮起来，只露出三分之一，我们也可以脑补出其他部分的样子，甚至手部姿态、嘴角弧度等细节。因为我们对蒙娜丽莎的微笑非常熟悉，看到小部分图像，甚至听到它的名称就可以脑补出它的样子。

再如前面的例子，因为父母很爱你，每当你回家时，便会特意准备你喜欢的美食，在厨房忙碌着炖红烧肉、做白灼菜心……这样的情形你看到过千百次，已经牢牢记在内心，于是听到母亲说了"做你喜欢的美食"，便会脑补出那样的情形。

之前科学家认为，这种"脑补"的现象是大脑的感知错误，但事实上恰好相反，这是大脑翻译并整理感官数据的结果。就好像德国科学家亥姆霍兹所说："我们感知到的世界是无意识的推论。"就是说，我们看到一株植物知道它是花，是根据以前的记忆推测、联想出来的。因为大脑把我们感知的信息联系在一起，填补了一些盲点，所以它让我们看到并了解了这个真实的世界。

对于我们来说，信息的填补、整理、完善都是在潜意识里完成的。我们看到某个画面或听到某个声音的时候，便会无意识地填补数据的空缺。心理学家们为了诠释这个现象，做过一个实验：他们找到20位实验对象，让他们听这样一句话——加州政府成员赴首都参加立法机构的会议。但是把"立法机构"（legislature）这个单词中"s"的发音替换成一声咳嗽。他们把这句话打印出来，提供给实验对象，播放录音时要求实验对象在听到咳嗽时精确地圈出咳嗽出现的地方，并提出这样一个问题——这声咳嗽是否遮盖了所圈单词的任何发音。

结果，所有实验对象都表示听到了咳嗽声，但是19个人说文字中没有任何发音被掩盖，只有1个人表示咳嗽声掩盖了一个发音。可惜的是，他指认错了，并没有发现被掩盖的发音是"s"。

后来，心理学家又进行了后续研究，结果发现，即便受过专门训练的人，也很难发现这个被遮盖的声音。他们不仅无法精确地找到这个"s"，还无法辨认句子中是否出现过咳嗽。即便心理学家把"gis"这一部分都用咳嗽替代，实验对象仍然无法辨认出它的位置。

这就是我们所说的音位恢复现象，就是我们会把句子提供的听觉信息储存起来，直到能够根据语境确定失去的那个音位。因为潜意识具有"脑补"的功能，所以我们会不自觉地填补音位的空缺，进而无法发现它是否缺位，也很难找到它的精确位置。

所以，我们感知的世界是一个自己建造的世界，它里面存在真实的信息，也存在潜意识的"脑补"。虽然我们不会意识到大脑对于真实信息的填补、演绎和联想，但是潜意识却偷偷地工作着，处理着众多的信息，为我们呈现这个世界的美好与精彩。

口误，是注意力出差了吗

有一句古老的谚语："口误是内心真实想法的流露。"意思是，并不是所有的口误都是无意的，也不是注意力出了问题。换句话说，这是潜意识的指引，是个人有目的、有意图的行为，尽管人们可能没有察觉和意识到。

口误，其实传达的就是人们潜意识中的内容，它是两种意图相互干扰而引起的。其中一个是我们原本的意图，另一个是我们潜意识的意图。虽然潜意识意图受到压抑，但还是冲破限制，以口误的形式呈现出来。

这是弗洛伊德提出来的，他也给出了解释。他讲过一个故事：一天，他和几位女性朋友一起爬山，其间聊得很愉快，还谈到了旅途中遇到的快乐事和烦恼事。其中一位女士表示旅途中会有一些不便，"如果一直在太阳下暴走，外套、衬衣会被汗水打湿。这实在是一件麻烦事"。她稍微停顿了一会儿，继续说："但只要回到裤子（nach Hose）①里，换过衣服之后……"

很明显，这位女士出现了口误，把回到家里（nach Hause）②误说成回到裤子（nach Hose）。为什么会出现这样的情况？弗洛伊德解释说：

——————————

① nach Hose：德语。意为回到裤子。

② nach Hause：德语。意为回到家里。

"这位女士本来想把身上所穿的衣服，如外套、衬衣、裤子都列举出来，但是碍于体面，没有说出裤子。"但是这个词汇已经植入她的潜意识，于是在接下来的话语中，当说到与回到裤子（nach Hose）发音相似的回到家里（nach Hause）时，便不自觉地把它说了出来。

虽然在现代说裤子并没有什么不妥，但是在那个时代，女性在有男性在场的情况下，说出"脱掉裤子"这样的话会感到羞耻，所以这位女士省略了这句话。然而，口误却呈现出潜意识的压抑，不自觉地说出了这个内容。这也就解释了为什么说口误是一个人内心深处真实想法的反映。

其实，只要我们稍加留意，就会发现身边还有很多这样的口误。比如交了新女友，却在某个时刻叫出前女友的名字，这是因为你内心深处还爱着前女友，没有忘记她；家里来了客人，你本想说"欢迎"，却说出"再见"，这是因为你的潜意识里并不欢迎这个人，甚至可能有些厌恶他；你本来要说一个人的名字，可话到嘴边，忽然就忘记他叫什么，这是因为你对这个人不熟悉，没有深刻的印象。这些都是因为潜意识中的愿望冲突导致语言、记忆或行动中出现错误，进而干扰了原本该说的话、该做的事情。

虽然口误看似偶然，看似注意力出岔了，事实上是两种意图发生了冲突，且潜意识的意图占了上风。不妨再看看这个故事吧！

一名很有经验的主持人，主持过无数场大型晚会、现场活动，能自信、自如地站在聚光灯下与嘉宾谈笑风生，也化解了一次次的突发事件和尴尬场合。可是，他却在一次电视节目直播中出现口误：当舞台灯光亮起，摄像头聚焦在他的身上时，他微笑着开口说道："各位现场观众、各位来宾以及电视机前的观众们，大家好，欢迎你们观看今天的节目……现在，让我们来……"

他本来想说"让我们一起来欢迎几位重要的嘉宾……"但是说到这里时他却说不下去了，卡壳了几秒钟，只能重新说："现在，我们一起……"谁知他又说不出口了。所有人都不知道发生了什么，好在他身旁的主持人接过他的话"我们一起来欢迎几位重要的嘉宾，有请×××……"这才为这位主持人解了围，避免发生大的播出事故。

为什么这位主持人会发生口误，话到嘴边却怎么也说不出？因为他的工作非常忙，节奏非常快，这让他感到异常疲惫，也厌倦了这样的工作状态，滋生了想要辞职放弃的想法。再加上节目录制的前一天他与同事发生了不愉快，他的情绪变得很糟糕，心情更压抑。虽然职业素养让他微笑着面对观众和镜头，但是内心的疲惫和压抑却使他做出这样失常的行为。因为意识和潜意识的冲突，口误便产生了。

当然，除了口误，一些失误行为也是由潜意识引起的。比如，笔误、读错字、总是记不住别人的名字、弄丢东西、不小心砸了某个东西以及放错物品等。这些行为被人们称为"弗洛伊德式错误"。它可能缘于你潜意识的压抑，也可能缘于你无法开口的愿望和需求。虽然这些行为看似笨拙、好笑，但是比有意识的行为更能表达我们的内心。

想要避免出现类似行为，其实不是困难的事情。我们首先要做的就是减少这些行为带来的负面情绪，宽容自己某些无意识的心理，然后告诉自己并不是自己不好，而是这种情绪压抑了太久，或者适当地幽默一番，给自己一个台阶。更重要的是，我们要尝试与潜意识对话，发现自己的内心愿望和需求，释放内心的压抑。一旦潜意识被听到，它就不会通过失误来表达和释放了。

胡思乱想——侵入性思维在控制你

很多人喜欢胡思乱想，大脑中总是突然出现一些奇怪、荒谬、可怕的想法：

为什么生活如此无趣，活下去还有什么意义？

站在地铁站台上，突然有想跳下去的冲动；

躺在床上，莫名其妙地幻想亲人过世的场景；

看到一个陌生人，感觉他非常讨厌，想让他在自己的眼前消失；

看到充电器，不由自主地想把手伸进去摸摸电流……

这些想法往往都是负面的，会突然冒出来，之后又迅速消失。在心理学上，这被称为侵入性思维，不受意识的控制，强行侵入我们的意识。

现在一些心理学家认为，侵入性想法主要分为以下几类：

关于性行为的想法，如对人产生性幻想、实施性暴力行为；

关于孩子的想法，如把孩子扔下高楼、打孩子；

关于攻击他人的想法，如伤害亲人、报复陌生人；

关于宗教的想法，虔诚的宗教信徒在集会时突然想大喊污言秽语；

关于性别认同的想法，如明明没有同性恋倾向，却突然冒出与同性发生性行为的想法；

关于死亡的想法，如突然想到自己由于某个原因死亡；

关于安全的想法，如突然想到自己或亲人发生车祸、意外等。

除此之外，还有一些其他负面的、消极的想法。侵入性思维并不罕见，大多数人都有。那么，为什么它会出现呢？

事实上，这与我们压抑的潜意识有关。弗洛伊德认为，人的本我主要包括两种来源：一是与性有关的冲动或记忆；二是与攻击有关的冲动或记忆。由于这些冲动和记忆违背了道德，不被社会所允许，所以被人压抑在潜意识深处。但是，它们并不甘心被压抑，一直想要寻求突破。在这种情况下，侵入性思维如同梦境一般，以突然冒出来的胡思乱想的形式呈现出来。

而且，很多时候，我们越压抑本我中的各种冲动和记忆，越容易不断冒出危险的想法；创伤越多的人，其破坏性、危险性的想法越多，且无法控制与压抑。比如，一个人与他人发生冲突，虽然他面对对方的无礼、侮辱性的言语时感觉异常愤怒，但是理智告诉他要克制，没有必要小事化大，于是便径直离开了。然而，潜意识中的与攻击有关的冲动依然存在，促使他人处于愤怒状态，心中存在"恨不得狠狠打对方一顿"的想法。

这种想法与冲动被压抑，然而压抑下去的愤怒并不甘心，随后侵入性地进入大脑，促使他产生报复的想法。越是压抑，潜意识的这种想法越想突破出来。于是，当与他人发生冲突或遇到类似环境时，他便会冒出攻击他人的侵入性画面。如果当时他能发泄愤怒，与对方据理力争，或者对方能及时道歉，那么这种侵入性思维便不会出现。

患有抑郁症的人，时常冒出想自杀、自残的想法；产后抑郁的母亲，时常冒出伤害婴儿的念头，比如一听到婴儿大哭，便想把他扔到地板上，看着婴儿睡觉，突然想用毛巾捂住他的口鼻，或者突然想抱着婴儿跳楼……这些都是受到了侵入性思维的影响。因为疲惫、不受关注，或是受委屈，人的心情持续性地低落，丧失日常活动能力，甚至神经紊乱、焦虑。

此时，人处于矛盾中，面对自己、婴儿时的情感是矛盾的，有伤害自己、婴儿的冲动，但是意识把这种冲动压抑下来。于是，在与这种矛盾情感的纠缠下，在潜意识与意识的斗争中，侵入性思维便产生了。

需要注意的是，普通人的侵入性思维是可以自己调节与控制的，然而有抑郁心态的人，或是患有抑郁症的人，其侵入性思维很难得到控制。所以，若是我们发现自己或者身边人抑郁，必须进行心理干预，寻求心理医生的帮助，否则可能出现非常糟糕的后果。

另外，强迫症或焦虑也容易让人产生侵入性思维。从心理学角度来说，强迫症有两种表现形式：强迫思维与强迫行为。强迫思维的一种表现就是侵入性思维，比如出门时不停地思考门是否锁好，煤气是否关上。如果不回去查看，内心总是担忧不已，门没锁而导致家中财物被偷等的画面不时出现在脑海中，导致不安、焦虑等情绪袭来。

还有人会因为某些事、某些人而焦虑："我哪里说错了，为什么他老是针对我""她是不是对我有意思，我该怎么和她说"；有人会杞人忧天，在路上开车，担心下一刻发生车祸，坐公交车，不由自主地想会不会发生电视剧情节中的爆炸危机……

可以说，不自主地冒出侵入性想法是正常的，因为巨大的压力、情绪、冲动受到压抑，大脑不可避免地被一些想法侵入。但是我们要意识到，它并不是我们的真实意图或动机，如果我们不刻意注意，把注意力转移到其他地方，它就会被意识湮没。专门研究侵入性思维的专家马丁·塞夫和莎莉·温斯顿指出："我们的大脑有时候会出现某些垃圾想法，这些想法只是意识流中的一部分。这些垃圾想法是无意义的。如果你忽略或不对其进行注意，它们会随着其他想法湮没在意识流中。"

当然，我们也需要学着接受它、理解它，增强大脑意识的控制力。每当侵入性想法出现时，多注意休息，让自己始终保持精力充沛，或者选择跑步、运动等方式来转移注意力，宣泄压力。这都可以起到自我保护的作用。

如果侵入性思维非常严重，频繁出现一些危险的想法，或是已经出现伤害自己、他人的行为，我们需要找专业的医生或者心理咨询师，积极采取心理咨询，修复创伤，以便消除压抑，摆脱胡思乱想的侵扰与控制。

第三章 <<<

梦境——潜意识的入口

　　弗洛伊德认为，梦是人潜意识中愿望的实现、欲望的满足，荣格则认为梦是心灵的表达，是对自我意识的认识和理解。可以说，梦境是潜意识的入口。通过解析梦境，我们可以了解自己潜意识中的需求、渴望以及期待。

色彩斑斓的梦

梦的形式多种多样，是我们愿望、欲望的表达。这些愿望、欲望在梦中通过各种伪装和变形表达和释放出来，比如因为恐惧而做噩梦，因为有性欲望而做"春梦"，这样它们才不会进入我们的意识，让人从沉睡中醒来。

换句话说，梦境是人在睡眠时产生的心理活动。当我们睡眠时，即使进入深度睡眠，人体与大脑也无法与周围环境完全隔离，也会受到外界的一些刺激。当这些刺激被大脑感知，促使大脑活跃起来，那些潜意识的愿望、欲望就会被唤醒，进而让人做起梦来。

梦境，离不开日常生活。梦的内容，往往与我们白天的经历有关。比如，险些被车撞到，梦里就会出现交通意外的情形，或者身陷危险的情形；看了带有血腥、暴力画面的小说或电影，梦里也会梦到类似的画面；白天思念异地的爱人，梦里便会与爱人甜蜜地相见。这便是我们所说的"日有所思，夜有所梦"。

心理学家做过一个研究：他收集了5名志愿者的55个梦境，梦境包括众多元素：80个核心人物，39个次要人物，74个场景，298个物品。研究者要求志愿者把这些因素与生活中的元素联系起来，结果发现人们虽然都能把它们联系起来，但是志愿者将这些不同元素与生活进行关联的能力有很大的差异。

就是说，因为记忆的限制，我们无法回忆起之前所有的想法，也很难把梦境与大脑中的思想匹配起来。同时，梦境中之所以出现某个因素，可能是有这个原因，也可能是有另外一个原因。比如，你梦到异地爱人，可能因为白天通了电话或是回忆起既往的经历，也可能被朋友触动。

一些日常生活的事件可以影响我们的梦境，同样，压力性、创伤性的生活事件更可以影响我们的梦境。比如，经历重大意外、事件（地震、爆炸、战争、性暴力等）的人，在事件发生后的很长时间内都会做噩梦。以新冠疫情为例，法国的里昂神经科学研究中心发现，在新冠病毒大流行期间，人们对于梦境的回忆率增加35%，其中负面性梦境增加15%。

所以，梦境与我们日常生活中的诸多经历有关，尤其是那些带有强烈情绪色彩的经历，以及欲望、想法、恐惧等。

然而，梦并非单一的，它是色彩斑斓的，不同的色彩代表了不同的意义。人的眼睛可以看到赤橙黄绿青蓝紫各种色彩，这些图像、信息储存在大脑中，而大脑也可以分析出色彩的知觉。等到睡眠时，活动兴奋的大脑刺激了关于色彩的记忆或潜意识，于是便会给梦境染上彩色。同样，人们的记忆、潜意识也决定了梦境的色彩，如经历不幸、有心理创伤，梦境通常是灰暗的；生活幸福，对未来有美好期待，梦境通常是彩色的。

弗洛伊德认为，人在休息时，大脑会构造出具有象征意义且不完整的场景，同时会赋予这些场景一些视觉隐含意义。就是说，梦中的色彩具有一定的隐喻。梦中出现绿色，与以前被遗忘的情感有关；梦中出现蓝色，意味着内心向往自由，渴望追求自由自在；梦中出现红色，意味着潜意识察觉到危险，或是压抑着的愤怒渴望被发泄。

之所以很多人的梦境是黑白的，是因为他们更关注其中的事物、故事情节，所以忽略了梦境的颜色。就是说，我们的潜意识更关注事件，就会遗忘梦境的颜色，认为它只有黑白；可是当我们回忆梦境的颜色时，潜意识便会关注它，进而促使我们想起它是彩色的。

重复出现的梦有一个预示

很多人可能有过类似的经历，反复做同一场景、主题和事件的梦，或是反复梦到同一个人。梦境的成因很复杂，但是它来源于我们的日常生活、以往经历以及所思所想。所以，梦境中重复出现同一主题、事件、人物，尤其是噩梦，可能与心理状态或情绪有很大关系。

现实生活中，我们的很多心理状态或情绪受到抑制，由于客观或主观原因无法得到表达与释放，往往通过梦境的方式来呈现和表达。比如，经历了自然灾害、战争、很大伤害（被绑架、拐卖、暴力对待）的人容易患上创伤后应激障碍，白天压抑自己的恐惧情绪，但在睡梦中时常会出现回到创伤场景中的噩梦，或是一些被可怕画面、声音等纠缠的梦境。

一个男孩时常做一个奔跑的梦，每次的场景都是在野外，他一个人惊慌失措地奔跑，其间不停地摔倒，可是他顾不得疼痛，依旧拼命地奔跑。这与男孩的经历有关。一年前，他曾经遇到一件可怕的事——放学路上，他遇到一个发疯的男子持刀乱砍街上的行人。男孩被这人追赶，幸好他跑得快，再加上警察及时赶到，才没有造成严重后果。之后，学校和家人都对他进行了心理辅导，他也慢慢地走出心理创伤，似乎忘记了那个可怕的经历。然而，最近一段时间的新闻报道里又出现了类似事件，一个精神有问题的男子在闹市持刀行凶，砍伤多名行人。男孩的记忆被唤起，潜意识中的恐惧影响了他的心理状态，使其处于焦虑、恐惧的情绪中。虽然他尽量压抑自己的负面情绪，但它还是通过梦境表达出来。因为他的潜意识想要逃离恐惧，逃离发疯男子的伤害，因此梦中重复着他不断奔跑的场景。

就是说，重复出现的梦境揭示了人的潜意识深处压抑着的最强的情绪、内心深处最真实的想法。这种情绪、想法越被压抑，梦境的重复性就越强，潜意识就越想要冲破意识，给予人指示与引导。

同样，当我们处于人生的困难阶段或重要转折期，内心不知道如何选择的时候，也会做重复性的梦。一名叫莉萨的女孩时常做同样一个梦，自己站在许多陶罐上，而这些陶罐都悬浮在黑暗的空中。往下望去，下面是一片汪洋大海，海面上有很多张着大嘴的虎鲸，对着自己虎视眈眈。无奈之下，莉萨只能从一个陶罐跳到另一个陶罐上，避免自己掉到大海里。

一开始，莉萨不知道自己为什么会重复做这样的梦，后来她发现每当自己准备搬家或即将离开一座城市时，这个梦就会出现。心理学家认为，当她面临搬家、离开一个城市的时候，心中的压力不断增大，导致其精神紧张、焦虑不已。所以，梦境中也呈现出压力——面对随时掉入大海被虎鲸吞掉的压力。当这种压力通过梦境得到表达与宣泄时，她的内心便恢复了平和。

换句话说，重复出现的梦，是人内心压力的"指示灯"。有时我们可能没有注意到压力来袭，或是没有重视起来，但是潜意识已经意识到了，然后给予我们指示，且能帮我们化解心理冲突。这就告诉我们平时需要记录梦境的内容，从中寻找一些信息与线索，这样一来，便可以发现和解决自己在现实生活中可能面临的压力或心理问题。

此外，一些人往往做一些"反复梦"，比如总是赶不上飞机，不是因为路上堵车，就是忘记带某个重要的东西……总之，由于种种原因而赶不上飞机。这种梦之所以出现，是因为我们遇到了尚未解决的问题，或是内心总存在尚未被满足的需求。因为现实中没有结果，所以在梦中也被"卡住了"。这预示着我们需要解决那个问题，或是想办法满足需求，这样才能化解心结，不再耿耿于怀。

弗洛伊德——以梦为马，进入潜意识深处

梦是愿望的达成，是欲望的满足，就算噩梦也不例外。这是弗洛伊德的观点，也代表了他对于梦境的理解。1900年8月，弗洛伊德出版了其著作《梦的解析》。在这本书中，他通过大量的范例详细地讲述了如何对梦进行分析，把梦里的每个元素独立分开，以这些元素为起点，然后进行自由联想。

关于梦的来源，弗洛伊德认为主要包括以下三类：一是一般性来源，如最近发生的、在精神上有重大意义的事件，或者几个最近发生的、具有特殊意义的事件；二是儿童时期的经历，即在觉醒状态下意识不能察觉、回忆起来的一些经历；三是肉体上的一些刺激，包括外界事物引起的感官刺激、内脏引起的一些肉体刺激以及主观觉察到的感官刺激。这些因素是紧密联系、相互作用的。比如，肉体刺激并不能引发人们做梦，只有与精神上的其他事实结合，才能促使人做梦。

他还认为梦境是人潜意识中的欲望，经过某种内在检查机制处理进入意识的内容。梦是对被压抑、被禁止的欲望经过伪装后的一种满足。从另一方面来说，通过对梦境的解析，我们可以了解一个人潜意识深处压抑的欲望、想达成而未达成的愿望。

比如，很多人有一些隐私（暗恋某人、仇视某人、做了羞耻的事等），不愿意告诉别人，甚至自己都不愿意承认。这种欲望被压抑在潜意识中，等到睡眠，意识的控制作用减弱时，它便出现在梦里。一些人渴望金钱，梦想赚到很多，这种欲望很强烈，于是梦中便会出现发大财、数钱的类似情形。

弗洛伊德还举了一个例子，自己青年时期经常工作至深夜，于是早早起床便成为困难的事情。所以，他时常梦到自己早早起床，精神抖擞地工作，不需要再为不能早起而烦恼与焦虑。

当然，虽然梦境是对欲望的一种满足，但它的表现形式可能是具体的，也可能是抽象的。比如，我们渴望拥有财富，可能会直接梦到钱，也可能梦到与钱有关的事物，或是象征财富的一些事物。

所有的梦都是欲望的满足，是愿望的达成，噩梦也是如此。通常我们会做一些可怕的噩梦，这意味着我们的潜意识中隐藏着和压抑着恐惧、痛苦以及焦虑。但是，大人不像小孩子一样，在梦里直接做自己想做的事，而是把真正的欲望进行伪装。

弗洛伊德曾为一位女病人解梦，这位女病人竟然梦到姐姐的小儿子去世了。她不明白，自己为什么会做这样的梦，因为她绝不会希望这件事发生。经过了解和剖析，弗洛伊德认为这源于她潜意识的欲望，只是这种欲望被压抑和伪装了。

原来这位女病人有一位深爱的男友，可是姐姐并不同意两人交往，于是她只能忍痛分手。她很爱男友，一直放不下他，但是碍于姐姐的阻拦和自尊心，不得不压抑了欲望。她陷入矛盾之中，想见男友，但又不能见，于是只能偷偷地听他的演讲，在远处看上一眼。可越是这样，她内心的思念和渴望越是强烈。

后来，姐姐的长子去世了，男友也来参加葬礼，促使两人见了面。所以，女病人虽然因为亲人的去世而悲伤不已，但是仍梦到姐姐的小儿子也去世了。这意味着，她的潜意识中是非常渴望见男友的，亲人的再次去世则可以满足她再次见到男友的愿望。理智、道德、自尊心都告诉她：你不应该见这个人。但是这个欲望、愿望太强烈了，于是通过梦境表达出来。为了掩盖这个欲望，她营造了一个痛苦的梦境——亲人去世。

正因为这样，弗洛伊德指出，梦实际上是潜意识愿望的曲折表达，是被压抑的潜意识欲望的伪装的和象征性的满足。他把梦境分为显梦、隐梦：前者是人真正体验到的梦；后者是梦的含义，即它隐藏的欲望和愿望。

我们之前说，想法、愿望以及欲望从潜意识进入意识并非容易的事，因为有前意识这个守护者的存在。特别是这些愿望和欲望被潜意识压抑的时候，更是如此。所以，大脑才会伪装这些愿望和欲望，以便在意识不注意的时候进入意识层面。那么，梦是如何伪装的呢？如何能突破潜意识，合理地出现在意识层面的梦境里呢？

弗洛伊德认为，它依靠的是以下五种方式，即浓缩作用、移置作用、表现作用、象征作用、润饰作用。浓缩作用，就是把复杂的印象或经验结合起来，集中在一个具体的形象上，以简缩的形式表达出来。移置作用，就是把具有重要精神价值的内容转移到其他看似无关的事情上，或是某些不重要的内容转移到重要的因素上。表现作用，就是把某些心理、观念用抽象、幻觉的形式表达出来。象征作用，就是利用具体的形象来表现抽象的内容。弗洛伊德认为，被压抑的性冲动在梦里会转化成具体的形象，如手杖、雨伞、蜡烛、蛇等棍状物象征着男性生殖器官。润饰作用，就是按照某种逻辑把一些形象润饰成形象具体、容易理解的故事。

当然，虽然伪装会促使这些欲望进入意识层面，进入我们的梦境，但这也促使我们的梦变得模糊、混乱、荒谬，以至于很难察觉真正的欲望。

总之，弗洛伊德认为梦境就是人潜意识中欲望与愿望的满足。通过梦境，我们可以进入潜意识深处，了解自己真正的欲望与愿望，弄清楚自己的需求是什么，又被什么支配。这对于我们认识与改变自己非常有帮助。

荣格——梦是意识态度的反映

与弗洛伊德不同，荣格认为梦是意识态度的反映，是一种自然的心理现象。它不需要伪装，梦里的一切内容都是真实的、不加掩饰的，只是我们不能意识到它所表达的意义而已。

荣格是弗洛伊德的学生，他不反对弗洛伊德关于潜意识的理论，但是他认为老师缩小了潜意识的范围，所以他提出集体潜意识的概念。对于意识与潜意识的关系这个问题，他也有不同的看法，认为潜意识是意识的某种基础，能自主地侵入意识；潜意识是一种自然的东西，在道德、美感及智慧判断方面往往采取中立立场。

正因为这样，他与弗洛伊德的梦的理论是不同的。这种不同主要体现在以下三个方面。

第一，本质的不同。

弗洛伊德认为潜意识产生于意识的压抑，它是意识的产物，意识把无法接受的内容，尤其是关于性本能的内容压抑到潜意识。所以，潜意识中充满了恶的、污秽的内容。梦是潜意识欲望的满足，其内容是潜意识里不被意识接受的内容经过伪装后的呈现。

荣格认为潜意识能自主地侵入意识，所以梦是心灵的表达，是对自我意识的认识和理解。

第二，功能的不同。

弗洛伊德认为梦的功能是个人性质的，受到利己主义的驱使，是个人愿望的满足。

荣格认为梦不仅仅体现个人的问题，还涉及人类的历史发展、未来以及命运。这种梦具有预示作用。具体来说，梦有两个功能：一是补偿的功能，即梦中出现的一些情形，是对于意识态度的肯定，是对于那些被忽略的心灵的补偿。

举个例子，一名女病人来找荣格治疗，虽然她是一位心理学教授，但是当时有着严重的心理危机，陷入严重的孤独状态。她做了一个梦：自己正在弹琴，但是家里人却不断地干扰她。之后她站在阳台上，遥望大海，此时旁边桌的一位富人也开始演奏音乐，她顿时被美妙的音乐吸引，驻足倾听起来。

对此，荣格认为音乐代表着情感。现实生活中，这位女病人是理性的，思维能力强，可以说是一位女强人。于是，在梦里，现实中被忽视的情感通过音乐的方式得到补充，就是说她演奏音乐、倾听音乐事实上是在表达情感，且试图达到心灵的补偿。

二是预示未来的功能。因为集体潜意识是人类具有的共同经验的沉淀物，所以梦的一些内容不仅反映个人的意识，同时也象征、预示集体的命运，甚至能预见到历史性的集体事件。

第三，释梦的过程和技术的不同。

因为弗洛伊德认为梦是伪装，所以释梦的时候不会只针对梦本身，他采取了自由联想和象征技术，寻求梦的隐义。如我们之前所说，他把梦分为显梦与隐梦，在分析和解析梦境时，往往会寻求情结，追溯情结产生的根本原因，如童年时期的创伤。

荣格在释梦时，往往会拉近梦与意识状态的关系，采取直接联想的技术，而不是像弗洛伊德一样去联想。比如，有人梦到一间房屋，弗洛伊德会从房屋自由联想到家—母亲—爱—安全，然后把自由联想获得的所有信息进行综合、分析，追溯其童年流离失所，失去母爱，没有安全感，渴望得到爱与安全感。荣格则通过直接联想，联想到房屋的作用，希望有一座自己的房子等，只把关注点放在它的上面。

荣格在解析梦时还运用了扩充技术，即把梦的内容与分析扩充到原型与集体无意识的范畴。这意味着解析梦境时，会分析其深远的原型以及集体无意识、原型意象，尤其是集体无意识。所以，他通常在神话、历史和文化等水平上解析梦，寻求其比喻、隐喻和象征的东西。

可以说，弗洛伊德是在还原梦，追溯梦中潜意识欲望产生的根源，荣格则是建构梦，认为梦常常是对潜意识的一种积极建构，同时具有象征性，可以给我们一些启示。

噩梦和痛觉都是给人的警示

噩梦是潜意识给予我们的最强警示和提示，犹如痛觉是身体给予我们的警示一样。比如体表有疼痛感，警示我们身体某个部位受到伤害，被刀割伤、被火烫伤等；心脏、胃部等内脏器官疼痛，警示我们这些器官有可能受到损伤或是出现病症，也可能受到刺、割、灼等刺激。

有了疼痛的感觉，我们才知晓身体出了问题，遭到了伤害，才能及时采取有效措施保护自己。若是没有痛觉的警示，便会伤而不自知、病而不自觉，进而无法防范与应对外界危险或自身疾病的威胁。

同样，噩梦也是潜意识中察觉到了一些危险信息，无法通过意识传达给我们，转而通过噩梦来警示和提示。那么，噩梦究竟是怎样产生的？

一些心理学家认为，人之所以做噩梦，是因为脑部正在正常发育，所以孩子更容易做噩梦。在国外，有专业机构做过调查：在2岁到10岁的孩子中，有将近50%的孩子会做噩梦，出现梦魇，而5岁到7岁这个年龄段，更是做噩梦的高峰期。噩梦的内容大多是关于妖怪、野兽、魔鬼和坏人等的。年龄大一些时，做噩梦的概率就减少了。

孩子时常做噩梦，与其心理因素有很大的关系。睡眠时，孩子的大脑皮层活动量大，潜意识较为活跃，这时便显示出孩子内心有许多焦虑的因素。但由于他们语言能力有限，加上某些环境因素的限制，这些感觉被压抑着，不能在白天时发泄出来，或是无法与父母亲人倾诉，于是进入深度睡眠、意识的控制力减弱时，它才会以象征的形式浮现。

思思是个胆大的4岁女孩，可是最近像变了一个人似的，晚上总是做噩梦。一天晚上，爸爸妈妈在客厅看电视，就听思思发出一声尖叫，随后大声哭喊："坏蛋！快走开！""啊！你不要过来！"

妈妈焦急地跑到思思房间，只见这孩子两腿拼命地蹬，手还时不时地在空中比画，显然是做了噩梦。妈妈立即轻声叫醒思思，思思醒后一下子就扑到妈妈怀里："妈妈，我怕！"经过询问，思思确实做了噩梦，梦见一个戴着面具、有些像怪物的人一直靠近自己，场面非常吓人。

之后的几天里，思思时常从梦中惊醒，有时梦见大恐龙，有时梦见要打自己的坏人，惊醒后便紧紧抱着妈妈浑身发抖。由于经常做噩梦，思思白天精神很不好，而且胆子变小了，一到晚上就害怕，不敢一个人睡觉。

开始思思的父母以为小孩子做噩梦是正常的，可能是白天太兴奋了，可是后来他们便意识到这或许有原因。经过了解，他们发现思思做噩梦是因为恐惧、内心不安。幼儿园换了新的保育员——不像之前的保育员温柔、爱笑，反而严厉、脾气大，时常对着孩子大喊大叫，孩子犯错就会被关到"小黑屋"——放资料的储存室。

思思被这个保育员吼过，做噩梦的当天还被惩罚了。她内心充满恐惧、不安，但是因为语言能力有限，不知道如何表达，便压抑在潜意识中，通过噩梦表达出来。

实际上，不仅孩子，大人若是心理出现问题，也会通过噩梦来警示。比如，受到惊吓，内心惊恐、不安，便会做噩梦；回忆起不堪往事，走出心理创伤，也会做噩梦。可以说，大部分人做噩梦，是心理因素造成的。这里所说的心理因素，不仅仅包括近期发生的一些事情，也包括童年的心理阴影。

同时，做噩梦也可能提示我们身体出了问题，因为生理上的疾病会影响睡眠质量，进而导致人做噩梦。比如，一个人经常做噩梦，可能是因为患有心脏病、冠心病、风湿等疾病，因为这些人身体状况不佳，时常感觉一些疼痛和不适，所以更容易做噩梦；也可能与间歇性胸痛和心律不齐有关。研究发现，40～64岁经常做噩梦的女性，大部分人有胸痛和心律不齐症状；一个人时常做溺水或者窒息等噩梦，则可能患上了呼吸方面的疾病。因为呼吸出现问题，所以他感觉窒息、胸闷，进而梦到溺水或者窒息，急需呼吸充足的氧气。

噩梦，也可能预示着我们的某种需求。比如，你在梦里喝水，却看见水杯里有可怕的东西，或是水杯变得血淋淋的，然后你被惊醒了。这个噩梦只是在提醒你喝水，因为潜意识感到口渴，所以才梦到喝水。潜意识想唤醒你，让你去喝水，但是因为你睡得太沉了，意识被抑制，潜意识只好用"噩梦"的形式提示你。

此外，做噩梦是偶然发生的，不是频发的，也可能是因为睡眠环境、身体姿势引起的。换句话说，做噩梦可能提示我们睡觉时压着内脏、四肢了，或者枕头太高了，头部不舒服，或者晚餐吃得太饱了。这些因素都导致人的身体不舒服，于是增加了做噩梦的频率。

总而言之，梦境是一种心理缓和剂、安全阀，也是潜意识给我们的警示，传递出我们在身体与心理方面的一些问题以及内在的渴望或期待。读懂这种信息，正确地解梦，我们才可以采取积极有效的措施，保护自己的身心健康。

梦境的启示

古希腊人认为梦是来自上帝和魔鬼的启示，它可能是关于未来的一种预言。不过，弗洛伊德告诉我们，梦境是潜意识的入口，它来源于我们内心的想法，我们可以透过它了解自身的精神生活以及欲望需求。其实，弗洛伊德已经把释梦作为一种心理治疗的方式，并且成功地治愈了很多位患者心理上的顽疾。

可以说，梦境是虚幻的，但是通过做梦，我们的大脑会产生一系列的变化，协助我们消化那些难以排解的情绪，让我们更好地面对生活中的危险，还可以让我们的感受更敏感，预知一些未来的信息，甚至迸发出一些奇思妙想。

荣格就在自己的释梦理论中提到：梦能预知未来。他认为，在睡梦中，我们受到的信息干扰会下降，意识能与集体潜意识相连接，感受会变得更加敏感。正因为这样，我们能察觉到在清醒状态无法获得和意识到的一些预知未来的信息。

心理学家乌尔曼同样认为，梦具有创造发明的作用。它具体表现在以下四个方面。

第一，梦能构思出新事物。

第二，梦能让人联想到事物的实质。

第三，梦能把分散的表象组成一种新形式。

第四，梦能让人感觉到一种不自觉的经验反映。

这也是一些科学家、艺术家灵感迸发的原因所在。不妨来看看，在现实生活，很多人是受到了梦境的启示才有了新想法、新创意、新发明的。

伊莱亚斯·豪是缝纫机的发明者，实际上他是改良了以前的设计。不过在改良过程中，他遇到了瓶颈，工作一直没有进展。他最初的想法是按照普通针的样子，把针眼放在针的尾部，但是效果并不好。正当他一筹莫展时，一天晚上，他做了这样一个梦：梦见国王发布了一道命令，说如果他不能在24小时之内造出缝纫机，就用长矛处死他。可惜的是，他并没有找到好的办法，于是只能放弃。他被士兵们带到刑场行刑，看着长矛冲着自己而来，突然他发现所有长矛的矛尖上都有一个小洞。

就在这时他惊醒了，同时从梦境中得到启发：把针眼放在针的顶端，而不是尾部。当时刚刚凌晨4点，但是他仍立即赶到实验室，做好了模型，开始进行新的实验。是的，他成功了，发明了现代缝纫机。

意大利著名作曲家塔尔蒂尼，也是因为梦的启示而创作完成了小提琴曲《魔鬼的颤音》。一天晚上，塔尔蒂尼做了一个梦，梦到他把灵魂出卖给魔鬼，得到的回报是魔鬼心甘情愿地为他服务。于是，他把自己的小提琴交给魔鬼，让他为自己拉出动听的音乐。之后，魔鬼果真演奏了一首美妙的音乐，听得塔尔蒂尼如痴如醉、激动万分。

正在激动之际，他突然醒来，虽然已经睁开眼，但是耳畔仿佛仍回荡着那美妙的旋律。于是，他回忆着梦中的旋律，抓起小提琴演奏起来，一边演奏，一边把旋律记在谱纸上。就这样，《魔鬼的颤音》诞生了，旋律中有哀叹、有幽怨，有强奏、有悠扬婉转，而且颤音不时出现，使听众的内心为之震动。

门捷列夫也是因为梦境的启示而发现了元素周期表。当时，他想用一种方式把65种已知的元素组织起来。他知道这些元素的排列应该是有序的，而且这种规律还可能与原子的质量有关，但当时他苦思冥想也不得要领。

只是没过多长时间，他就做了一个梦，梦里他看到一张表，所有元素各居其位。醒来之后，他立即把这个表写在纸上。他不仅把已经发现的元素按顺序排列，还留出一些空格，准备填写那些没有被发现的元素。之后的几年，其他元素陆续被发现，元素周期表也逐渐完善，为后来的化学研究做出巨大贡献。

梦境，与我们的潜意识有关，当然梦的启示也是我们的潜意识在发挥作用。当我们清醒时，潜意识也在活动，但是被意识所掩盖，不被我们所觉察——那些奇妙的想法、艺术的灵感无法迸发出来。当我们在睡眠时，意识活动处于被抑制的状态，于是潜意识就占据了主动地位，通过梦境的形式表现出来。

所以，我们可以自由地做梦，感受它向我们展示的缤纷世界，感知它带给我们的启示。

梦境是可以控制的

弗洛伊德在《梦的解析》中说："'检察官（意识）'压抑着它们（欲望）。但是这些欲望太强烈了，完全的压抑是不可能的，一有机会它们就会发泄出来，而发泄的一种最普通和常见的形式就是梦。"就是说，在睡眠状态，意识放松了对于潜意识的监督和控制，这使得我们被束缚的想法、欲望进入意识范畴，于是各种光怪陆离的梦就形成了。

通常情况下，我们醒后便不记得梦境的内容，有时只是依稀记得模糊的情节。所以，一些人认为控制梦境是无法实现的，然而科学证明，在某一阶段，我们是可以控制梦境的，虽然不能像《盗梦空间》一般神奇。

想要知道如何控制梦境，我们需要了解一个概念：清醒梦。这个概念是由荷兰精神病学家弗雷德里克·范·伊登提出的。他于1913年第一次提出这个概念，形容人在梦境中扮演着积极角色的感觉。同时，做梦者有自己的意识，具备一些思考能力和记忆能力，可以控制自己的梦境。1970年，英国心理学家吉斯·赫恩支持了这一概念，并且做了一个实验。在实验中，被测者以眼球运动为信号，在多重睡眠电图仪器中标出了清醒梦开始的时间。通过实验，他得出结论：人在睡眠时能与预先安排好的眼球活动进行交流，展现出某种控制感和感知力。

2003年，西莉亚·格林的著作《清醒梦》被认为是第一本承认清醒梦独特、具有科学研究潜质的书籍。他与很多治疗专家利用清醒梦的治疗方法成功地治疗了很多具有创伤后应激障碍的患者。在治疗中，病人回忆起埋藏已久的记忆，而这些记忆以梦境的形式呈现。正因为这样，病人开始直面恐惧与痛苦，治疗好了心理疾病。

随着科技的发展，人们进一步确认了清醒梦与快速眼动睡眠（人的睡眠包括快速眼动睡眠期与非快速眼动睡眠期）之间存在的联系，并得出清醒梦就是一种介于清醒和睡眠之间的意识状态。哈佛大学的心理学专家发现，虽然清醒梦和普通梦都发生在快速眼动睡眠期间，但是在清醒梦期间，负责逻辑推理的背外侧前额叶可以被激活，让我们明白自己正处于梦境。正因为这样，我们可以控制梦境。

一位叫薇斯帕的女孩，有过一次清醒梦的经历，之后开始练习做清醒梦，认为梦中的记忆和真实的记忆很难区分。因为她比较内向，向往着能与其他人愉快自如地交流，于是在梦境中便梦到自己与商店工作人员交流的情形，她则时常把梦和现实生活搞混——把美好的梦"变成"现实。

那么，如何来控制梦境呢？

第一，记录每天做的梦。

通过记录自己梦境中信息、内容的训练，我们可以提升梦境回忆能力，进而对于梦境的内容更警觉、敏感，更容易察觉自己是在做梦。

一位叫作罗伯特·瓦格纳的人接触了清醒梦的概念之后，就开始记录自己每天做的梦，他记录了1000多个清醒梦。后来，他还写了关于清醒梦的书籍《清醒梦：通向内在自我的门户》，提出自己关于清醒梦的理论。

如何去记忆呢？很简单，准备一个笔记本，记录记得的梦境的信息，或是希望梦到的事物。可以把笔记本放在床边，醒来时立即记下梦到的信息，这样一来便不会出现遗忘的情形。即便梦里的事不是你所希望的，也记录下来；即便是噩梦，也要记录下来，且要详细记录。

只要养成习惯，把梦境和记录联系在一起，且尝试着自己释梦，便可以刺激潜意识，控制梦境。

第二，睡眠前进行自我暗示。

自我暗示对于潜意识与意识都具有非常大的影响，它也可以左右我们的梦境。当我们给予自己积极暗示"我要做个美梦""我要做个清醒梦""我要记住我在做梦"时，我们所想的就容易成为接下来所做的。

第三，练习觉醒。

首先，要记录自己的目标梦境——我希望做什么样的梦，设想见什么人、经历什么事等。然后，在睡前阅读目标梦境。当你把内容阅读一两遍之后，大脑便会全面地感知它，形成短时记忆。

之后，闭上眼睛，用大脑幻想目标梦境中的画面，这样一来，潜意识会产生许多画面，努力去感受、去倾听，把注意力集中在与目标梦境相关联的信息上。这样一来，我们便可以梦到目标梦境的情形，且在醒后记得梦境的内容。

需要注意一点，一定要在醒后记录梦境内容，尤其是细节，不管它与目标梦境是否一样。

第四，醒过来再入睡。

可以让自己在深夜醒来，短时间内保持清醒，然后再重新入睡。这样，我们便可以快速地进入快速眼动期，更容易做梦，进入目标梦境。

心理学家做了一个实验：他们找来很多实验者，在他们睡觉的过程中，每5个小时把他们叫醒一次，然后不断地重复一句话，结果超过50%的人在做梦时保持了清醒，记住了那句话。

第五，进行真实性测试。

问自己是醒着还是在做梦，以便在睡梦中识别梦境与现实。我们知道，梦境与现实是不同的。比如，梦境中的时间与现实时间是不同的，我们可以查看手表，然后看看外面的景色，再看看手表，发现时间是跳动的，就可以意识到自己在梦境中。同时，梦境中的树木会改变颜色和形状，文字会改变，而现实中则不会。

知道自己在做梦，我们就可以控制梦里发生的大部分事情，可以做一些自己想做的、现实中不可以做到的事情，比如游向大海、飞翔、蹦极等。

第六，借助外部刺激。

利用外部刺激，我们可以控制自己的梦境，如改变卧室的色调、调换舒适的床、利用眼罩等。

因此，梦境是可以控制的。但是，我们需要注意一点，不可以完全控制梦境，就像我们可以控制大海却不能完全控制大海一样。

第四章 <<<

潜意识与读心术

　　我们的一言一行、一颦一笑以及细微的反应都是潜意识的信号，承载了内心最深层次的心理状态，诉说着最真实的自我。察觉与了解这些动作、反应，不仅可以帮助我们洞察和分析自己、他人的情绪状态和真实想法，还可以帮助自己树立良好的形象，实现更好的沟通。

泄露你心思的小动作

每个人都有一些不经意的小动作，这些小动作不受意识控制，而是听从潜意识的指令。因为这些小动作不被意识察觉，所以往往透露出一个人某时刻的心理状态。同时，它们很多是人最本能的生理反应，是习惯性的、下意识的反应，即便人极力控制也无法完全掌控。比如，人受到惊吓、恐惧时，瞳孔就会放大，下意识地张大眼睛；人紧张、焦虑、着急时，手心会冒汗，自然而然地搓手，握紧双手。

所以，身体的一些小动作，其实都是潜意识的信号，是情绪、压抑的渴望、内心的需求的表现。这些反应承载了一个人内心最深层次的心理状态，诉说着最真实的自我。察觉和了解这些反应，可以帮助我们洞察和分析人的内心想法和情绪状态，进而更好地与其沟通，实现自己的目的。

举个例子。生活中我们难免与陌生人接触，如拜访客户、结交新朋友、寻求帮助等。大部分情况下，人们会以微笑、对视、握手开始交谈。就是这简单的握手，我们便可以了解对方的想法和态度：如果对方采取了主动的、双手紧握的方式，说明他的潜意识中并不排斥我们，还可能对我们比较感兴趣。同时，这样的人是和善的、热情的、强势的，喜欢把主动权掌握在自己手中。但是，如果对方只是稍稍伸出右手，且只是用指尖轻轻带过，那说明他的潜意识中对我们是拒绝、排斥的，只是敷衍地应付，或是性格比较高傲，或是对人抱有警惕态度，不太好亲近。如果握手时力度比较大，说明他非常自信，但是也想要把控局面，性格中有着自大、强势的成分。同样，微笑、对视时的微表情，更能透露出他人隐藏在深处的真实性格、情感和心理状态。

正因为这样，人们往往会伪装，试图隐藏自己的情绪或情感，矫饰自己的表情和小动作。然而，不管他怎么掩饰和控制，一些无意识的小动作还是会在潜意识的影响下把他的内心秘密显露出来。所以，弗洛伊德这样说："任何人都无法保守他内心的秘密。即使他的嘴巴保持沉默，但他的指尖却喋喋不休，甚至他的每一个毛孔都会背叛他！"

比如，人们试图说谎或隐藏秘密、情绪的时候，手会无意识地摸摸鼻子，但是当事人却无法意识到自己做了这样的欺骗行为。因为当人们说谎时，人体内会分泌一种叫儿茶酚胺的物质，这种物质会刺激鼻腔内部的组织，让鼻子发痒，让人不自觉地摸鼻子。就算有人控制力比较强，试图阻止自己的手去摸鼻子，也会出现细微的动作反应，如鼻头冒汗，鼻子微微颤动或是皱一下。虽然这些反应和动作往往一闪而过，持续时间仅仅有1/4秒，更短的则只有1/25秒。

简单来说，压抑并不能完全掩盖这些小动作，因为潜意识不完全受理智、意识的控制，总有一些漏洞促使它表现出来。当我们的潜意识与意识、所说的话或表情、动作与内心不一致的时候，就会出现这样的漏洞。

女孩莎莎有一定的选择障碍，就是连很简单的决定都不能轻松地做出。而且，下决定时她通常会有类似的小动作，如抚摸自己的手心。这样的小动作，说明她的内心紧张、害怕，想要逃避，并且试图用这样的行为来掩盖自己此刻的情绪。

为什么会这样？因为莎莎的妈妈非常严厉，小时候只要莎莎做错事，她就会用戒尺狠狠地打莎莎的手心。久而久之，莎莎的潜意识就有一个声音：做事就有犯错的可能，犯错就会被惩罚。等到莎莎长大成人后，她变得胆小、迟疑，不管大事小事都不敢做决定。

就是说，表面上看她是有选择障碍，事实上她是在逃避惩罚。虽然妈妈早就不再打她，她的手心早就不再疼痛，但是肢体上的动作却表明她的潜意识中依旧有着"疼痛"的感觉，让她下意识地去摸手心。

这也告诉我们，身体不会说谎，我们平时不由自主地露出的表情、做出的小动作，都是潜意识深处的情感、需求和渴望的外在表现。这也是我们平时说，看人要看他的表情、微动作而不是语言的原因。同时，我们需要不断提升自己的观察力，留意身体给我们的信息，从他人和自己的行为反应中看出一些端倪：

拉耳朵——对此次谈话已经感到厌烦，想要结束，但又不得不忍耐；

边说话边摸鼻子或揉眼睛——不同意对方的话，或是怀疑对方所说的话是不是真的；

微笑与人谈话，并不时点头，但是身体和脚尖指向别人或别处——想要离开，恨不得马上结束谈话，或是潜意识中不想与别人交谈，对别人不感兴趣，但不得不敷衍、保持礼貌；

双手分别交叉拢在衣袖中——这是一种消极的身体信号，表示对面临的事情是抵触的、防御的，同时也有袖手旁观的心理；

喜欢抖腿——潜意识里比较自我、自私，很少为别人考虑，以自我为中心；

身体出现小毛病，如头疼、疲惫等——压力大，精神紧张，想要逃避巨大的压力，但是又无能为力；

对下属与孩子说："看着我的眼睛！"然后直视他，或是紧紧盯着他——潜意识里急切地想要树立自己的威严，明确自己领导、长辈、权威者的地位，想要释放一种信号，即你必须听我的、服从我，我的决定不容反驳；

身体紧张、紧绷，站得挺直——感到紧张、恐惧，害怕与人交流，害怕被对方的人否定和批评，潜意识里有被罚站、否定的记忆和痛苦的感觉……

总之，每个人都存在着潜意识，平时那些有意无意的小动作就是潜意识的体现，其中隐藏着性格、感情、想法、需要、长处、缺点等很多东西。这些与人们表现出来的外在形式构成一个人的整体。我们从一个人所体现出来的某一面或某一个细节反应，就可以判断其内在和整体。当然，我们必须考虑到各种因素的影响，否则就会犯"盲人摸象"的错误。

不可忽视的非语言交流

语言有两种：一种是有声语言，就是我们的口头语言；另一种是无声语言，是我们的身体语言，即通过表情、肢体动作、情绪等传递出来的无声语言。用口头语言来交谈、沟通，我们称之为语言交流，后者被称为非语言交流。

其实，虽然我们大多数情况下使用口头语言表达和与人沟通，然而，无声语言的魅力是更强大的。在某些时刻，它要比单纯的话语更具冲击力和感染力，也促使我们能够更真切地感受一个人的情绪变化、心理状态和情感表达。

正因为这样，人们观看无声电影时可以明白电影所表达的内容，能感知演员的情绪，甚至被某个瞬间感动得泣不成声。哑剧演员或舞蹈家用身体语言来表达情感时，我们可以感同身受。

如果你不相信，可以做一个实验：

向爱人表达爱意，说着"我爱你！""我非常爱你！"观察对方的反应，他是否会给予你热烈的回应或者说"我爱你！"同时给予爱人大大的拥抱，温柔地或热烈地亲吻他，再观察对方的反应，是否与之前相同？

与朋友或家人交谈的时候，尝试着闭上眼睛，只听对方说话的声音，不看他们的表情、身体动作，你是否能察觉到对方的情绪，判断对方是否说谎，猜测到对方的真实意图。

事实上，当我们只用有声语言表达自己时，尽管声调、语速、语调能表达出一些情绪和情感，但其效果是有限的。若是辅助无声语言，如眼神、手势、肢体语言，便可让自己的话语更震撼人心，情谊更加真切而深厚。当我们听别人说话，同时观察其非语言行为时，便可大大提升自身感知情绪的能力，轻松掌握别人的意图。

这是因为，在日常交流中，语言交流只占据了信息传递的一小部分，大部分的信息传递和情感表达是通过非语言交流或非语言行为辅助完成的。我们嘴里说着同一句话，与是否配上非语言行为，带给人的感受是截然不同的；我们理解别人的话语，洞悉别人的情绪，与是否观察和感知其身体语言的相关动作获得的效果也有非常大的差距。

马锐是一家销售公司的经理，前段时间拿到一个非常重要的项目，并把它交给新上任的项目主管。他深知这个项目的难度与重要性，也担心项目主管心中有压力，便说道："小李，虽然你很年轻，没有做大项目的经验，但是我相信你的能力，你肯定会做得很好的。"

项目主管虽然口头答应了，但是眼神中流露出不自信、犹豫的情绪。马锐注意到这个细节，接着说道："小李，不用有太大的压力。这个项目虽然有些难度，但是以你的能力，一定能做得很出色。而且，我会让整个团队全力配合你，你就放手去做吧！"说完，马锐冲着小李点点头，用肯定、信任的眼神看着他。

看着马锐的眼神，小李备受鼓舞，微笑着点头说自己会全身心地投入。显然，他潜意识中的迟疑、不自信已被赶走，对自己充满信心，最后如马锐所言，小李出色地完成了项目。

可见，眼神的交流是强大的，可以让我们的话语更具力量，让彼此进行心灵上的交流。实际上，人们非常重视眼神的交流，尤其是熟悉的人更习惯和善于用眼神来传递信息，表达情感。因为有默契在，有时人们不需要说什么话，仅凭一个眼神就能够表达自己想要表达的情绪和情感。爱人之间的交流，都是通过眼神完成的。两人含情脉脉地看着对方，便已表达了心意，胜过了千言万语；朋友因为某事而情绪低落的时候，语言上的关心，再加上关切、鼓励的眼神，则可以给予朋友温暖和安慰；孩子拿到了好成绩，父母给予语言上的夸奖，同样不吝啬自己赞美的眼神，可以让孩子感受到自己被尊重、被赞赏……

那么，眼神是如何传递信息的呢？很早之前，心理学家就做过这样一个实验：

心理学家制作了一种特殊的面具，面具能遮住人的整个面部，只在眼睛部分留下一个能看清完整事物的缝隙，其他人可以通过缝隙看到戴面具者的眼球。等实验者戴好面具后，心理学家发布指令，让其表达某些情绪，同时一些人观察实验者的眼神，描述自己感受到的情绪。

结果，只通过观察实验者的眼球状态，人们无法准确地感知其情绪变化。比如，实验者表达愤怒的情绪，可是观察者却凭借其眯着的眼睛判断他在大笑。换句话说，人们通过眼神表达情绪，需要配合眼睑、眉毛以及周围的肌肉才可以，不然则很难被人准确地感知情绪、明了意图。

所以，我们需要记住这个著名的公式：沟通=7%语调+38%声音+55%肢体语言。也就是说，人和人之间的沟通，55%要靠肢体语言或表情，38%要靠声音，只有7%是靠语调或语言本身。这不是说我们对有声语言交流不敏感，不需要重视交谈，而是意识到非语言交流的重要性。因为它不仅是有声语言的辅助，更是人们潜意识中情感与思想的外在表现。另外，当非语言交流从意识逐渐进入潜意识领域，便可以左右人们的意志、行为举止以及思维方式。

声音识人术

如我们前面所说，人们通过有声语言来传递信息，表达自己想要表达的意思，传递想要表达或是不想表达的情绪与情感。当然，这不但包括语言本身，也包括音量、音调、语速等。

在这个世界上，每个人的声音都是不同的，不管是音色还是声调都有各自不同的特征。通常情况下，我们与人交谈时，声音不会是单一的音量、调子，而是会根据不同的需要和情绪特征有所变化，语速也会有所差别。情绪往往受潜意识控制，是在人们的理智之外爆发出来的，因此我们可以通过分辨人的音调、音节长度、语速来感知和辨别对方的情绪。

比如，一个人的声音突然拔高的时候，说明他正在生气，内心充斥着愤怒、不满的情绪；一个人声音低沉、嘶哑的时候，说明他情绪低落，正在伤心难过；声音音调比较高，有些尖锐刺耳的时候，说明他的情绪不稳定，正受到某件事情的威胁；说话时语调有些奇怪，语速也有些不稳定，偶尔有不自觉的发颤，说明他可能很紧张，过度担忧、焦虑。

一个很自信的女孩，和朋友谈论着一些有趣的事情，声音轻快，语速正常，可是突然，她的语调变得奇怪起来，语速也明显变快，声音不自觉地发颤。朋友感到不对劲，问道："你怎么了，说话变得有些奇怪！"

听了这话，女孩立即拔高声音："哪里？"随后立即降低音调，有些吞吐地说："我……哪里……奇怪了……"朋友看着她不说话，她则低下了头，脸蛋变得有些红。

经过朋友追问，女孩这才坦白：她刚才看到了暗恋的男生，而那个男生好像也看了她一眼。因为看到了暗恋的男孩，她潜意识中的紧张、害羞、恐惧等情绪就通过声音变化表达了出来。

所以，通过音色的变化，我们能获知说话人的情绪，而且这种情绪是由潜意识控制的。处于某种情绪之中的人，其音色是逐渐固定的，就算这个人想要掩盖，但是只要我们仔细倾听，也可以发现其的真实情绪以及心理活动。如果当事人有意或特意用音调、音量以及语速的变化来表达情绪，我们便可以有更深刻的感知，且能被其感染和影响。

事实上，演说家们都非常善于利用这一点，用声音感染人，调动听众的情绪，达到自己的目的。林肯是一位出色的领导者，也是一位出色的演说家。他当律师的时候，为穷人打过很多官司，每次辩论都慷慨激昂，且利用声音变化来表达自己的情绪与情感，赢得法官和陪审团的支持。

一次，他接到一位年迈的寡妇的求助。这位老妇人是一位阵亡士兵的遗孀，她虽然拿到了抚恤金，但是却遭到某位政府行政官员的克扣。林肯立刻决定为这位老妇人讨回公道。

开庭的时候，林肯先是音调正常地陈述老妇人的遭遇和主张，随后提高声调，加快语速，慷慨激昂地追述当初美国人民是如何受到压迫，群起为自由而战的；再之后，他的声调更高了，声音高亢，斩钉截铁地指责那个行政官员，痛斥他竟敢剥削为国捐躯的士兵的遗孀，贪婪地克扣她应得到的半数抚恤金。他的声音里充满愤怒，眼神也变得凌厉，在场的观众被这种愤怒的情绪感染，同样愤怒地望着那个官员。

在辩论即将结束的时候，林肯的情绪更加激动，声音时而高亢，时而低沉。最后，他的声音变得温和，语速也降了下来，对着所有人说："时代向前迈进，1776年的英雄已经死去，他们被安顿在另一世界。在座的证人、先生们，那位士兵已经安逝长眠，而现在他那年老、衰危、又跛又盲、贫困无依的遗孀却来到你我的面前，请求为她争取公平，请求同情和帮助以及人道的保护，我们这些享受先烈争取到自由的人是否应该援助她呢？"辩论结束后，所有人流下了眼泪，就连法官和陪审人员都眼含热泪。结果不言而喻，林肯的辩论取得了完全胜利，为这位老妇人谋得了应有的利益。

林肯的话语为什么有如此大的感染力和影响力？是因为他通过音量、语速、表情的变化来表达自己的情绪，并且把这种情绪传递给在场的所有人。

除此之外，一个人说话时的音色和语速也会不经意间暴露其真实性格。比如，说话声音平稳，音调不高不低，说明他做事认真谨慎，有责任心和耐心，但相应地，这样的人往往也都很固执且主观，认定的事情很难被影响和改变；说话声音柔和，音调比较低，语速比较慢，有时甚至说话比较模糊，说明他容易自卑、不自信，平时比较懦弱；说话声音尖锐而高亢，语速比较快，说明这个人自信，有虚荣心，喜欢表现自己，提高声调说话有时是为了引起别人的注意与重视；说话声音轻快又洪亮，说明他性格比较开朗，为人比较热情，同时性格比较单纯，相处起来就会比较轻松；说话音调高、短促，给人一种急迫感，说明这个人比较自负，自我意识比较强，往往缺乏耐心和耐性；说话声音高亢，但是不断尖锐，说明性格比较爽快，积极乐观，容易与人成为要好的朋友。

简单来说，除了语言本身的内容和价值外，我们还应该注意说话的语气、语调、语速，倾听说话者潜意识中传递给我们的信息，这样一来，便可以闻其声识其人。

笑代表所有情绪

很多人认为笑是一种表现愉快、高兴情绪的表情——我笑了，是因为我内心感到愉悦。然而，这个答案并非完全正确。人们感到开心，会情不自禁地笑，但是生气、无奈、痛苦、崩溃之时也会笑，只是笑的状态和方式不同罢了。

美国马里兰大学的罗伯特·普罗文教授曾经和同事在商场中观察人们发笑的情况，他们记录了1200次发笑事件，但发现只有10%～20%的发笑事件是因为听了笑话。就是说，只有极少数的人是因为内心愉悦而发笑。他在著作《笑：一项科学调查》中指出，我们说话时发笑的概率比听别人说话时高出50%；当我们处于社交环境中时，发笑的次数是我们独处且身边没有任何娱乐工具时的30倍。

所以，笑是所有表情中一个最常用且重要的表达情绪的方式，喜怒哀乐等情绪都能够从不同方式的笑中凸显出来。笑分为很多种，有含笑、微笑、轻笑、大笑，有抿嘴笑、张口笑、哈哈大笑、呵呵笑，有爽朗的笑、正直的笑、赞美的笑、甜蜜的笑，还有痛苦的笑、苦闷的笑、冷漠的笑、无奈的笑、奸邪的笑、嘲弄的笑。而且，笑很具有迷惑性，如果不仔细观察，我们很难发现对方的真实情绪以及真实意图。

A和B是一同进入公司的同事，平时相处得不错，工作上也相互协作。A平时比较热情，对B总是笑呵呵的，于是B认为A喜欢自己，也把他当作好朋友，什么事情都和他倾诉，有工作也一起商议。

很快，B得到一个晋升的机会，上司表示他如果能做出一个大项目，便可以升职为组长。A笑着恭喜他，说自己支持他。平时若是B疲惫了、抱怨了，A也总是微笑着鼓励他，给他打气；B的项目取得一些进展，A也是笑着给他拥抱。然而到最后，B失去了晋升的机会，A却拿到了这个机会。

这时候，B才发现尽管A平时总是满脸笑容，但没有一丝真诚，笑容中带着很多算计和虚伪，只是他没有察觉而已。

并不是所有的笑都代表内心欢愉，有些笑是经过粉饰和伪装的。比如，有些人悲伤的时候会笑，这是他们掩饰内心悲伤的很好方式；有些人心怀不轨的时候也会笑，这是明显的"笑里藏刀"；有些人与陌生人接触时，会露出礼貌的微笑，它只是一种敷衍。另外，当一个人撒谎的时候，他也会笑，而且笑容特别多，因为这时候他很紧张和不安，担心谎言被人揭穿，于是便借助笑来缓解和掩饰内心的真实情绪。

其实，笑虽然能伪装，但是因为潜意识的作用，这个伪装很容易被识破。只要细心观察，我们便可以察觉到对方的笑代表的情绪，洞悉对方心底的秘密。美国心理学专家保罗·埃克曼教授和华莱士·法尔森教授经过多年研究，发现内心喜悦、欢愉产生的笑（真笑），与其他情绪产生的或者说人们故意收缩面部肌肉引起的伪装笑容（假笑）

是完全不同的。

当人们真笑时，嘴角上翘，眼睛眯起，面部的颧骨主肌和环绕眼睛的眼轮匝肌同时收缩。因为这种笑是自发的，不受意识控制，所以除了嘴角翘起之外，眼轮匝肌也会缩紧，促使眼睛变小，眼角产生皱纹，眉毛微微倾斜。但是，当人们假笑时，会有意识地收缩脸部肌肉，咧开嘴，抬高嘴角，这时候眼轮匝肌往往不会收缩。虽然有些人会故意眯起眼，给人营造一种眉开眼笑的假象，但是因为眼角的皱纹和倾斜的眉毛变化只有在内心真的愉悦时才会产生，所以也能被人识破。

人们在假笑或强作微笑时，会因为眼睛或瞳孔传达出来的信息而泄露秘密。因为一个人真正开心的时候，瞳孔会放大，眼睛就显得有神，而强颜欢笑的时候，目光迟滞，眼神暗淡。

因此，我们需要了解和洞察不同的笑的方式及其暴露出的真实情绪，这样才不至于被他人迷惑。

哈哈大笑，露出牙齿——说明他非常开心，心情非常激动，是真心的、内心愉悦的笑。

笑中带泪——说明他情绪非常激动，也可能是有苦难言的流露，或是悲伤中感到欣慰。

露出笑容，但随即收起，或是微笑后立即沉下脸——说明他的心思非常重，不善于表现自己的内心，此时他的情绪是糟糕的，笑只是为了敷衍。

微笑，且笑容未抵达眼底，面部表情有些僵硬——说明他的内心并不高兴，情绪比较低落，却不愿意表现出来，想要用笑来掩饰自己的真实情绪，或者微笑是为了掩饰自己的尴尬、不自信与无奈。

嘿嘿嘿地笑——这样的笑与冷笑相似，表达一个人对他人的批评、轻蔑。这可能代表他对于对方的攻击，想要利用这种笑声来压制对方，进而获得一种满足感。当然，有些人习惯这样笑，它只是个性使然，其笑声没有其他含义。

低头，抿嘴笑——有时说明他有些害羞，不好意思，或是比较紧张；有时说明他对对方不满，有一种轻蔑的情绪。

皮笑肉不笑，嘴唇完全向后拉，嘴唇不自然地抿着——说明他比较虚伪，内心不怀好意，但是却露出一张笑脸。

笑还有很多种，如谄笑、狂笑、奸笑等，只要我们能细致地分析他人的笑，并且结合对方的非语言行为、性格特征以及生活习惯，便可以真正揣摩到他内心深处的真实想法，不至于被其笑容蒙蔽。

神奇的触碰效应

心理学研究证明，轻轻的触碰会产生神奇的效果。

对孩子来说，尤其是这样。心理学家和教育学家都认为，抚摸、拥抱和身体触碰都能促进孩子身体、心理、神经系统的发育，让孩子感觉到安全感和爱。这是一种生理性需求，更是心理性需求。佩吉·奥马拉说："抚摸对婴儿就像食物一样必要。"人类学家玛格丽特·米德的研究遍及世界各部落，她发现最凶残的部落就是那些不给婴儿以爱抚的部落。

这种需求得不到满足，便会影响孩子的身体健康。如果不信，请看看下面这个例子：

一家孤儿院的院长很喜欢孩子，对孩子们充满关爱，不仅照顾好他们的生活与健康，还时常带着他们一起游戏。可是，院长发现很多孩子似乎并不快乐，还好像患上了一种怪病：每天没有兴趣做游戏，目光呆滞，情绪低落，甚至出现食欲不振的现象。

为了让孩子高兴起来，院长请来医生，结果医生分析孩子们的身体没有任何问题，他们都非常健康。后来，院长只能向心理医生求助。经过一段时间的观察和研究，心理医生发现这些孩子患上了皮肤饥饿症。他们从小就失去父母，没有得到过父母的拥抱和抚摸，比一般儿童更渴望父母的关爱、拥抱、抚摸。然而，他们这种强烈的渴望并没有得到充分的满足，所以才患上了严重的心理疾病。

明白了这一点，院长更加关心孩子，还时常拥抱、亲吻、抚摸他们。除此之外，他还从附近的小学请来年长的女孩，与他们一起玩耍。这些女孩活泼可爱，时常把孩子抱起来，亲吻、拥抱、抚摸。没过多长时间，孤儿院的孩子也变得快乐起来，身体越来越健康。

皮肤饥饿是一个心理学上的特殊名词，简单来说，就是从小很少得到父母拥抱、抚摸的孩子，长大后会形成一种强烈、潜在的渴望，渴望被爱、被关心、被抚慰。如果这种渴望得不到满足，就会影响其心理健康发展，甚至出现一种病态的情感需求。

事实上，碰触真的有很神奇的效果。比如，五六岁的孩子闹情绪，不管怎么安抚，都无法让他们安静下来。但是，如果父母能抱抱他，轻轻地抚摸他的后背，他会很快安静下来；十几岁的孩子，内向害羞，不敢与别人接触、亲近，但是如果大人能轻轻拍拍他的头，摸摸他的肩膀，便可以让其打开心扉。

到了成人阶段，身体触碰也是非常必要的。比如，握手是一种社交礼仪，与陌生人第一次接触，与客户见面之后，与朋友重逢之时，伸出自己的手，握住对方的手，便表示友好与真诚。虽然面对的人不同，握手的时间、力度、热情程度有所差别，但是这种碰触能够凸显我们的心理状况，进而影响对方。

同样，安慰朋友、鼓励队友时，双手击掌或是轻拍肩膀，都可以让安慰与鼓励起到更大的效果。这是轻轻地抚摸肩膀、后背要比单纯的口头安慰能让情绪激动的人平静下来的原因，也是球队成员投进一球，与队员击掌、握手或是撞胸之后便能士气大振的原因。

身体的碰触可以在社交活动中起到非常大的作用，以至于我们的身体进化了一条特殊的路径——从皮肤直接通向大脑。就是说，人的皮肤里有一种特殊的神经纤维，它是专门传递在社交中触碰产生的愉悦感的。虽然它们无法分辨是什么东西触碰了我们，但是却与大脑中与感情有关的区域直接连接。这也让触碰成为我们最重要的交流方式，或者说触碰在我们的日常交流中起到非常重要的作用。

有人会说，与陌生人第一次接触，就触碰对方的身体，会不会被误认为是有意冒犯。很多人不喜欢被人触碰，尤其是女性，往往会避之不及。是的，社交礼仪中随意触碰陌生人，是一种无礼的行为。但是我们需要知道，这种触碰不是无礼的抚摸、拉扯，而是符合礼节的，或是不冒犯的。比如握手时，不经意地触碰对方的手肘，有利于拉近彼此之间的距离，让交谈更愉快地进行下去，或是让我们达到想要的目的。

著名的电话亭测试就说明了这一点，我们来看看研究者们是如何得出结论的。这个实验是美国明尼苏达州立大学的研究者进行的。首先，研究者将一枚硬币留在电话亭，等到有人进入之后便跟随进去，然后询问他是否看到自己掉的硬币，还表示自己要打一个电话，但是身上没有了硬币。结果，一轮实验下来，只有23%的人承认看见了硬币，并将它归还。

接下来，研究者进行第二轮实验，仍然把硬币放在电话亭的同一位置，不同的是会先不经意地轻轻碰触对方的手肘，然后再提出相同的问题。这一次，60%的人承认看见了硬币，且会略显尴尬地解释缘由："当时我看见没有人，这才捡起了硬币……"

为什么结果会有所不同？第一，人们认为手肘不属于个人隐私的空间；第二，大多数人不会轻易地与陌生人发生身体接触，一旦接触就会留下较为深刻的印象。如果接触时间短暂，则可以与陌生人建立一种瞬时联系。这样一来，关系就拉近了，对方自然更倾向于据实相告，归还硬币。

当然，不同的人群因为生活在不同的文化背景下，归还硬币的概率也不一样，这与人们所在地区的日常接触频率有很大的关系。人们日常接触频率越低，触碰效果就越明显，归还硬币的概率就越高。就是说，如果在日常生活中一个人接触他人的机会少，那么触碰效应对于他的影响也就越大。

需要注意的是，触碰手肘和小臂、上臂，其效果是一样的。但是，如果我们碰触对方的肩膀、手腕、手或是其他身体部位，就会引起对方的反感，使得效果相反。这会让人感觉被冒犯，进而产生警惕、躲避、逆反等心理。同时，不管是触碰女性还是男性，时间都应该控制在 3 秒之内，否则就会产生不良效应。

可以说，在潜意识层面，身体触碰有爱护、感情维系的意味，能建立一种情感的连接。所以，在日常社交中，我们可以巧妙地制造一些轻轻接触对方肢体的机会，然后再开始说话，或与同事、朋友、队友、亲人以及爱人的相处中有意识地碰触对方，这样一来便可以产生更多的感情连接。

测谎机的奥秘是什么

在家庭、职场以及陌生的环境，谎言无处不在，我们不知道那些看似可靠的言语哪些是真的，哪些是假的，不知道别人的邀请和恭维是出自真心还只是客套。于是，很多人希望掌握读心术，或者拥有一台测谎机，以便马上分辨出他人话语的真假。

在影视剧里，我们时常看到有人使用测谎机来验证一个人是否说谎、是否说真话。这样的仪器很有效，通常会识别被测对象的哪句话是真，哪句话是假。其实，这是根据被测对象说谎时产生的某些生理反应来判断的。

我们知道，在心理学上有一种"安慰剂效应"，就是说当人的内心受到外界的压力时，就会导致交感以及副交感神经失去平衡，促使人心跳加快，瞳孔放大，内心出现不同程度的紧张。为了安慰这种紧张，人就会做出一些安慰的动作，来舒缓这种心理紧张。尤其是说谎话的时候，这种反应越激烈，安慰动作也越多，越无法控制。这就是为什么一个人说谎时，往往会流露出一些不经意的小动作或是短暂的瞬间表情。

比如，假装咳嗽，然后用手捂住自己的嘴巴；假装打哈欠，然后不着痕迹地用手捂嘴巴；用手托住下巴，然后不时地用几根手指半遮住嘴巴。为了掩饰自己说谎，人会尽力控制自己的微动作，但是也能露出一些蛛丝马迹，如下意识地眼球向右上方转动，用指甲轻轻地划一划眼角，感到口干舌燥，偷偷地吞口水、舔嘴唇，鼻头冒汗，眼神闪烁等。

小孩子为了逃避父母的责骂会抓挠自己的耳朵，大人为了掩饰这个动作则会摩擦耳廓背后，用指尖挖耳朵，或是拉扯耳朵，等等。这些小动作都说明他心虚，不想让人看出自己的谎言。有些人则会不自觉地抓挠脖子侧面位于耳垂下面的那块区域。这是因为，撒谎会使人敏感的面部和颈部神经产生刺痒感，于是人们就不自觉地通过摩擦和抓挠的动作消除这种不适感。因为这种不适感，人们还会时不时地拉扯衣领。

说谎的人还会频繁地点头，因为他们急于让对方相信自己的观点，想通过点头的方式让对方对自己的话深信不疑。当然，他们因为担心谎言被揭穿，常常感到口干舌燥，会出现吞口水、舔嘴唇的动作。

哈佛大学的研究者曾用角色表演的方式，来考验那些隐瞒病人病情的护士。事实证明，说谎的护士使用这些动作的频率远远比那些对病人讲实话的护士更高。由此可见，当人们撒谎时，其身体会下意识地做出一些反应，只是有时连他们自己都没有意识到罢了。

当然，若是经过训练，有些人的掩饰会更完美，让人无法察觉以上的微动作与微表情。然而，就算再镇定自若的人，内心也承受一定的压力，产生紧张、恐惧、焦虑、内疚等心理反应以及与之相关的生理反应，如呼吸加快、心跳加快、血压上升、体温微升、消化液分泌异常、肾上腺素分泌增多、瞳孔放大、肌肉颤抖等。通过仪器的检测，人们会发现这些生理反应异常，进而发现被测对象说谎的事实。

可以说，人说谎的特征具有普遍性，只要我们留意观察对方无意间流露出的肢体信息，便可以得到一些有价值的线索。就算我们没有测谎机，通过接触对方的肢体，也能感受其呼吸加快，脉搏跳动加快，体温微升，肌肉颤抖，进而快速地辨别其情绪变化较大，所讲内容有假。

我们还可以通过提问的方式得到想要的答案。事实上，这样的方法已经被警方、心理专家广泛运用，并且验证了其有效性。那么，我们应该如何提问呢？

第一，多问开放性问题。

提问时，尽量不要使用是非式的问题，只让对方回答"是""否"无法得知其话语中的漏洞。采取开放性提问的方式，让其编造故事，补充其中细节，更容易使其露出破绽。比如，问"你昨天做了什么事情"要比"你昨天晚上是不是做了××事"更有效。当对方说谎的时候，就需要思考什么时间做了什么，有什么细节，出了什么差错，极有可能前后矛盾、逻辑不自洽。

第二，问出其不意的问题。

人很难做到一心二用，在思考一个问题时再去做、去思考另一件事，就容易出错。尤其是说谎时，因为内心紧张、精神集中，若是被打断，被提问一些无关紧要、出乎意料的问题，便会导致认知负荷，进而难以维持谎言的逻辑。我们时常看到，在一名嫌疑人正在讲述自己不在场的证据时，办案的警察会突然提出一个问题，或是无关紧要的，或是已经提过的，目的就是增加对方的认知负荷，看其是否说谎。

第三，让对方掌握主动权，然后在适当时机发出挑战。

说谎的人，尤其是经验丰富、伪装较好的人容易产生盲目的自信，认为别人根本察觉不到自己在说谎。其实，我们可以利用对方的这一心理特征，先让他掌握主动权，不动声色地听其滔滔不绝地谈论，满足他们的"自信""骄傲"。等到恰当的时候，再提出质疑："我为什么要相信你？""你是不是以为自己可以骗过我？"之后，观察其情绪、微表情的变化，便可以发现蛛丝马迹。

事实告诉我们，虽然一个人的嘴巴会说谎，但是身体的生理反应与心理反应永远不会说谎。因为我们的表情、肢体语言在很大程度上是受潜意识控制的，大脑会支配身体的各个部位发出各种微信号，使得我们想要隐藏真实的情绪与感情变得难上加难。所以，我们可以通过一个人不经意间做出的多余动作以及其他生理反应，来洞察其是否说谎。

外貌可以改变结果

我们先来看一个案例：

1960年9月，尼克松与肯尼迪走进位于芝加哥的哥伦比亚广播公司，两位总统候选人将进行一次大选辩论。尼克松因为膝盖感染住院治疗了一段时间，当时还发着39摄氏度的高烧，看起来非常憔悴，面部消瘦，脸色惨白。而肯尼迪则精神抖擞，身体强壮，古铜色的皮肤使其看起来健硕又有力量。

辩论开始前，哥伦比亚广播公司的制片人唐·海威特见了尼克松后，认为这可能会影响其形象，便询问两人是否需要专业的化妆服务，只是两人都婉言拒绝了。随后，尼克松的助理只是简单地整理了他的妆容。虽然海威特再次提议为尼克松修饰妆容，但是仍遭到拒绝，而肯尼迪的助理却为其做了全套的化妆服务。

随后，两人的辩论很激烈，从口才上说，尼克松发挥正常，占有优势。在这次辩论之前，尼克松的支持率明显比肯尼迪高，但是这次辩论之后，结局却发生逆转，观看这次辩论赛的大部分观众支持肯尼迪。尼克松的搭档亨利·沃克直接愤怒地说："那个混蛋毁掉了我们的选举！"

有趣的是，没有观看电视、选择听广播的人却持有不同的意见，其选择也不同。在听广播的听众中，有一半以上的人支持尼克松。《纽约先驱论坛报》的一位记者是尼克松的坚定支持者，他没有看电视，认为尼克松的辩论非常棒，并且说："尼克松低沉响亮的嗓音传达了坚定、自信、决心与一切尽在掌握的从容。"然而，当他观看了电视之后，却改变了态度，认为肯尼迪看起来更敏锐、克制、坚定。

事实上，很多人如同这位记者一般。这说明一个事实：容貌、外形以及形象可以影响一个人对其的看法与态度。与他人接触或沟通时，人们已经通过他的外貌、形象对其进行内在形象的构建——外貌良好、精神抖擞，大脑构造的形象是良好的；脸色惨白、神情憔悴，大脑构造的形象是糟糕的。在人们做判断之前，潜意识已经用它的标准做出了判断。所以，观看电视的人们更倾向于支持肯尼迪而不是尼克松。

这也说明人的外貌、表情、声音这些因素都会影响我们对人的判断，因为我们的潜意识中存在着偏见，促使我们习惯以貌取人。比如，在人际交往中，第一印象的影响是非常大的，人们对一个人的第一印象取决于以下几个因素：容貌、语言、态度、穿着以及身体语言等。

英国的心理学家曾经对3000名成年女性进行调查，结果表明：只需三分钟，这些女性就可以从外表、口音、穿衣品位等方面判断自己是否对对方有好感，彼此是否合适，然后判断对方的性格、为人处世原则以及是否有进取心，等等。在这三分钟内，这些女性会做出一个决定——进一步接触，或是直接说再见。更重要的是，之后不管遇到任何外界因素的影响，她们都很难改变自己对那个人的判断，也不会改变心意。

就是说，如果对方服装干净整洁，头发梳理得一丝不苟，说话时面带微笑，彬彬有礼，我们的大脑便会接受并储存积极的信息，构建良好的形象。之后，这个第一印象深深地留存在我们的潜意识中，影响我们对于对方的判断、态度，且对以后的交往起到决定性作用。在之后的接触中，即便他偶然出现一些失误，我们也会下意识地帮他"解释"，并原谅这些失误。相反，如果对方衣着邋遢，不修边幅，或是精神状态不佳，憔悴、萎靡，我们的大脑便会构建出一个糟糕的印象，之后很难不戴有色眼镜去看待他。

不信再看看著名小提琴家约夏·贝尔的一个实验：

约夏·贝尔乔装成一位街头艺人来到一个繁华街道的地铁口。虽然他的小提琴价值不菲，但他衣着普通，甚至有些不修边幅。尽管他拉着巴赫的最难的几支曲子，出人意料的是，整整45分钟，停下来倾听的人不足30个。而且，这些人大多是小孩子，他们被约夏·贝尔的琴声打动，却很快就被父母拉走。

这个过程中也有人认真地倾听音乐，但是他们并没有认出约夏·贝尔。虽然这是一场精彩无比的音乐会，但是几乎没有一个人留下来欣赏与倾听。而在平时，约夏·贝尔每次举办音乐会，场场爆满，一票难求。

这是不是很讽刺？其实没有人否认约夏·贝尔的琴声是绝美的——那些停下来倾听的人或许也是这样想的，但是他的街头艺人的装扮却给人留下了负面印象，影响了路人对他的判断。

可以说，人们对于其他人的印象一旦在大脑里形成，不管是好还是坏，都会在之后的时间占据主导地位。这是视觉印象的问题，但本质上是潜意识的影响。因此，日常生活中，我们要特别重视自己的外形，尤其是与人初次见面、与重要的人交谈时，力求在外形装扮、言谈举止上给对方留下好感。

第五章 <<<

潜意识与情绪

　　情绪是身体的语言，是我们对这个世界最直接的反馈。情绪的来源，一是身体，二是心理。但是不管它来自哪一方面，在很大程度上都由潜意识控制，尤其是那些我们无法控制、反常的情绪，都源于潜意识中的某些消极情绪丛或情结。

不良情绪，隐藏着你的创伤路径

情绪是我们身体的语言，是我们对这个世界最直接的反馈。情绪的来源，一是生理，接触一件事，看到一处景，听见一首音乐，我们都有不同的感受，于是情绪就产生了；二是心理，现在的经历，曾经的伤害，都影响我们的心理状态，自然会产生不同的情绪。

很多时候，我们的内心总是有莫名的糟糕情绪，如没有来由的悲伤，不可控制的自卑，严重的焦虑或恐惧，这一切都隐藏着我们曾经的创伤——童年创伤的阴影。换句话说，从这个情绪入手，我们便可以了解内心的创伤，找到自身内心痛苦、生活不幸福的根源。

江明是一位年少有为的人，与朋友合伙开了一家不算大的公司，虽然规模小，但是在业界小有名气。从外在条件上说，他很优秀，所以很受异性欢迎，对他有好感、主动追求他的女孩不少。然而，江明依旧单身一人，感情一直不太顺。他交往过两个女朋友，但是没维持多长时间便分手了，现在，现任女友李菲菲也提出了分手。

面对女友的分手要求，江明很是茫然，不明白为什么这次恋爱又无疾而终。明明女友之前对自己很满意，为什么这么快又变了？江明和李菲菲是经过朋友介绍认识的，两人觉得彼此条件都不错，而且也有感觉，便开始交往。江明觉得李菲菲热情、乐观，能与自己的步伐保持一致，对她更加喜欢，也产生了结婚的想法。

李菲菲提出分手后，江明想破脑袋也没有找到原因，于是忍不住向李菲菲询问。李菲菲很是坦诚，说："我很喜欢你，想要和你继续走下去。可是，我感觉不到你喜欢我，因为你对我好像是朋友与同事，一点儿没有对爱人的热烈、激情以及亲昵。"

接下来，李菲菲说出几件事：她每天都会给江明打电话、发短信，而江明却很少主动联系她；晚上她会说"晚安""么么哒"，而江明总是简单地回应"嗯"；她偶尔会给江明制造惊喜，突然去接他下班，但是看不到他脸上的喜悦；她化了美美的妆容赴约，和江明见面后，江明却不为所动，甚至都没有夸她一句……

李菲菲坦白地说："虽然我们的条件相当，你也是个很不错的结婚对象，但是我无法忍受你不喜欢我，这让我感觉很无力。"

江明很想说"我喜欢你"，但怎么也没有说出口。

李菲菲最后说："爱一个人就是与他相处时，有喜悦，有激动，有害羞，有热情，但是你都没有。你对我很冷淡，既然如此，我们不如各自安好。"

江明很确定自己是喜欢李菲菲的，但是他不明白自己为什么会这样冷淡。江明思考了很久，也没有找到答案，只好去咨询心理医生。最后，医生告诉他，他可能患有情感冷漠症，尤其面对异性的时候表现得尤为冷淡。通常这样的人不合群，不与他人亲近，即便面对亲人的问候和关爱也只是表现出平静、冷漠，无法表现为激动、热情。面对自己喜欢的人，也很少有热情、亲昵，甚至没有办法回应爱人的热情。而情感冷漠，则是从小到大封闭自己造成的。

童年时期，父母对江明的要求与管束非常严格，不仅体现在学习时，也体现在生活上。他必须专注学习，不能随意外出，也不能随便与小朋友玩耍打闹；他要自控、自制，不能肆意妄为，不能随便发脾气。于是，江明从小便缺少与家人、朋友的沟通，也习惯压抑自己的情绪，导致后来越来越冷漠，越来越不懂表达。

我们知道，情绪是与生俱来的，是个体对环境五感（视觉、听觉、嗅觉、味觉、触觉）的直接反馈。但是，我们的文化背景、成长环境、价值观以及当时的身体状态，也决定了我们的情绪。情绪是非常主观的，受到意识、潜意识的影响，尤其是不良情绪更是无法逃离潜意识创伤的左右与控制。

创伤导致的不良情绪包括：

恐惧：害怕权威，害怕社交，对陌生环境、陌生人、压力情境有极大的恐惧，产生焦虑、退缩等心理；

愤怒：控制不住情绪的冲动，时常因为某种原因愤怒；

羞愧：自我否定，自我贬低，看不到自我价值，因为自己的存在而羞耻；

自卑：不接纳自己，认为自己不配得到爱、成功、幸福，习惯性逃避，惧怕与人比较、竞争；

冷漠：对人或事无兴趣，对人不信任、不亲近，没有太多的情绪变化；

焦虑：对未来有莫名的紧张、恐惧甚至恐慌，容易情绪失控，经常无故地发怒，与他人争吵；

抑郁：情绪敏感，过度自我厌弃、自我保护，沉迷于自我的世界……

客观地说，有童年不幸与心理创伤的人，内心大多压抑着负面的恐惧、愤怒、焦虑等情绪。这些情绪停留在潜意识中，成为挥之不去的阴影，进而影响之后的人生与心理状态。比如，在冷漠、严厉、暴力家庭环境中成长的人，内心充满不安全感，缺乏爱的体验，他们容易敏感、恐惧、焦虑，自我评价低，自我价值感低，时常觉得自己不配得到爱。与此同时，他们的自我保护意识非常强，更排斥与人亲近，保持冷漠、疏远，也不善于表现情绪。

因此，一个人的不良情绪，隐藏其心理创伤的路径。我们需要自查自省，正视自己的负面情绪与心理，与内心中的那个小孩和解，这样才能让自己从阴霾中走出来，成为心灵上的强者。

情绪的错觉

如果我们的感觉或情绪不是直接由感知衍生,而是大脑通过分析数据得来的,感觉或情绪就会出错,进而引发情绪的错觉。

这很好理解,人类的情绪是诸如惊讶、好奇、恐惧、愤怒、兴奋等类似的感觉,产生这些情绪时,我们的身体往往会发生一些变化。比如,兴奋时会心跳加速、呼吸急促、脸红,表情和肢体也有变化。我们因为某件事而兴奋,情不自禁地高呼,然后产生以上一些生理变化,那么这种兴奋的情绪便是直接由感知衍生的。如果感受到这些生理变化,身边也恰巧发生一些事,这些事促使大脑来分析:此时我心跳加速、呼吸急促、脸红,这是由兴奋情绪引发的,那么此时我的情绪是兴奋的。这时,这种被感知的情绪实际上是我们创造出来的一种错觉。

简单来说,兴奋通常会导致我们产生心跳加速、呼吸急促、脸红等生理变化,但是产生这些生理变化,并不意味我们此时的情绪一定源于兴奋,也可能源于愤怒、羞涩等。情绪错觉之所以产生,是因为大脑在分析这些生理变化时,试图自作主张地填补数据的缺失,把不明原因的生理变化与周围事物、各种情绪联系起来。这其实与我们根据他人的生理变化来判断其情绪是一个道理。

有人做过这样一个实验:研究者找到一些购物者,询问他们更喜欢两种果酱中的哪一种口味。当购物者做出选择后,研究者会邀请他们品尝选择的果酱，然后要求他们分析自己为什么选择这个口味。

实验中，研究者会设计一个小机关——在果酱瓶内隐藏一个小分格，让购物者品尝自己没有选择的那个口味的果酱，并确保其不会察觉这件事。结果显示，只有约三分之一的购物者识破这个把戏，分辨出自己品尝的与选择的果酱不同，另外三分之二的购物者则直接说出自己选择这种口味果酱的原因。

实验结果证明：我们会虚构关于情绪的认识，创造出一种应景的情绪与情感。就好像有人问我们"你感觉快乐吗""你为什么喜欢那个男人"之后，我们会收集相关信息，感受自己的生理变化，或是根据经历的事、周围的环境来解释自己的感觉或情绪。当我们这样做了之后，情绪就有可能出错。

因为这样，我们可能无法认识自我情绪，或是错误地判断自己的情绪。举个例子，你与朋友发生冲突，大吵一架，你很愤怒，处于一个应激的生理状态，心跳加速，脸红脖子粗，身体紧绷。这个状态可能会持续较长一段时间，如果这个过程中你与其他人接触，如同事、孩子、爱人或者陌生人，就会错误判断对这个人的感觉。同样，你遇到惊喜的事情，内心很愉悦，心跳加速，脸红，肾上腺素激增，这个状态下，你与异性接触、交谈，则会受到这些生理变化的影响而产生情绪错觉，认为自己爱上了他。

为什么在浪漫的地方容易产生爱情？就是因为情绪错觉在发挥主导作用。为什么人在旅行时容易爱上同行的那个人？也是因为情绪错觉的主导。人在浪漫的地方，或是在旅行时，心情是愉悦的，身体是放松的，心跳加速，肾上腺素激增，这容易让我们感觉自己爱上了对方。这些生理变化也容易产生爱情激素，即大脑中产生苯基乙胺、多巴胺、去甲肾上腺素、内啡肽、脑下垂体后叶荷尔蒙，让人产生意乱神迷的感觉，并怦然心动。

就像我们所说的，一见钟情可能源于潜意识，也可能是环境造成的。你处于浪漫之都巴黎，幻想着遇到浪漫的爱情，看着周围的情侣或亲昵或热情，恰好这时，邂逅一个第一印象不错的异性，自然就怦然心动了！你一个人来到江南小镇旅行，感受身边的景色宜人，自然也心旷神怡，更容易在遇到异性时心跳加快，产生恋爱的感觉。直到我们离开这样的环境，爱的感觉才会消失，或者我们意识到情绪出错了。

这就需要我们正确认知感受与情绪，确认情绪的指向，避免情绪错觉的出现。

恐惧凭什么能控制你

人们会对某种事物产生恐惧，并且被恐惧控制。比如有人怕黑，在夜晚不敢一个人独处，否则就会莫名地害怕，没有安全感，紧张、焦虑，甚至陷入恐慌的情绪。这样的人在白天可能自信、积极，敢于挑战一切危险的事情，然而一到夜晚，就会变得情绪消极，严重的话可能产生应激反应。

究竟是什么原因造成他出现这样的恐惧呢？

这可能与他儿时的经历或是某种刺激有关。假设他曾在夜晚受到惊吓，遭遇大狗的进攻，或是被大人关在漆黑的屋子里，或是小时候不理解黑暗是什么，认为黑暗中有魔鬼、怪兽……等到成年后，虽然这些往事他已经记不清，但在他的潜意识里仍认为黑暗是最可怕的。

就是说，对于黑暗的恐惧已经深入他的潜意识，一旦进入黑暗的环境，便会形成一个恐惧的条件反射。具体来说，恐惧来源于潜意识。不管是恐惧黑暗，恐惧一些蛇、蜘蛛之类的动物，还是恐高、幽闭恐惧、密集恐惧等，它们都隐藏着深层原因，是来自我们潜意识深处的一些经历与情结。虽然它是隐蔽的，但在受到刺激或是进入特定环境时，就会被激发出来。

来看下面两个例子：

小美是位文静的女孩，但是与其他女孩有一个不同之处：大部分女孩喜欢娃娃、玩偶、雕塑，她却对这些东西有莫名的恐惧，不敢碰触，甚至看到它们都感觉紧张和害怕。这样的病症让她感觉非常困扰。

后来，她进行了心理咨询，在心理医生的引导下，才得知是什么原因导致自己有这种奇怪的病症。原来，她从小就很孤独，父母忙于工作，且感情不好，对她没有用心地照顾与关爱，只是给她找了一个保姆。这个保姆也不好好照顾她，只是给她做饭、洗衣而已。从三四岁开始，陪伴她的只有玩偶、娃娃——白天一个人和玩具玩，感受不到温暖；半夜醒来的时候，床上只有娃娃陪着自己。

就是说，她表面上是恐惧玩偶、娃娃，实际上是厌恶这些东西。在潜意识中，她极度渴望关爱，害怕孤独，更害怕那种无助的感觉，而玩偶、娃娃就是自己被抛弃和不被关爱的见证者。

再来看看李明，他性格内向、胆小，有着社交恐惧症，害怕与周围的人交往，会不自觉地回避与人交谈。他喜欢一个人待着，如果没有必要的话，一个星期都不会出门。他害怕出现在众人面前，一到人多的地方就会紧张、出汗、焦虑，看到别人靠近自己就会立即进入戒备状态。

实际上，李明也想改变，但是只要与人接触，他便感觉浑身不对劲，内心充满恐惧与纠结。尤其在人多的场合，这种感觉就会被放大，让他越来越不安焦虑，越来越害怕。结果，越是害怕，他就越逃避、不自信，也就越恐惧。

形成社交恐惧的原因有很多，有可能是高度的自卑，对自己要求完美，却担心自己的表现不尽如人意，或是遗传于父母，习惯把自己封闭在一个空间里，不敢与他人接触和交流。但是不管源于哪一种原因，潜意识中都不信任自己、否定自己，表现出来的就是对于社交的恐惧，甚至是对于接触外界的恐惧。

当然，人之所以恐惧，是由于后天形成的，大部分是因为童年有一些不美好的经历。虽然人们很难意识或回忆起事件本身，但是却莫名地对于与事件有关的事或人产生恐惧。即便如此，也并不意味着恐惧是不能战胜的。人们之所以恐惧，是因为受潜意识支配，同样的道理，通过与潜意识沟通，认识到自己为什么会恐惧且直面它，也可以让我们战胜它。

面对恐惧时，要给自己积极暗示，那么它便不会支配我们的精神和肉体，给我们的生活与工作带来阻碍。相反，它会被驱散，被我们控制和支配。事实上，我们只需做到以下几点。

第一，记录恐惧。

写下自己恐惧的事物，回忆它是什么时候产生的，是如何影响和支配自己的，把恐惧和感受写在纸上。事实上，这是非常重要的，当我们把恐惧写在纸上，并且了解了它，它就已经失去一大部分威力。

第二，直面恐惧。

尝试直面它，做让自己恐惧的事情。比如怕黑，就在有人陪伴的情况下，尝试接触黑暗；有社交恐惧，尝试走出自己的小天地，慢慢学着与人接触和交往。只要迈出一小步，然后一点点地鼓励自己，告诉自己恐惧会消散，便可增加勇气与意志力，打开心灵的大门。

第三，放松身体。

感到恐惧时，努力让自己的身体放松下来，深呼吸，然后松开拳头，抚平眉头。身体的放松，自然会带来精神的放松。

第四，找回自己的勇气和意志力。

要学会接受自己的懦弱，但是不失去勇气与意志力，因为这个世界上所有的恐惧都与自身的软弱与丧失勇气有联系。当我们这样做了，心灵便会强大起来，消极的情绪就能够得到缓解，自然会战胜恐惧。

直觉可能更靠谱

我们可能遇到过类似的情况：感觉朋友××好像有意在疏远自己，虽然她没有表现出来，但是仍感觉两人的相处模式变了；突然感觉到一个危险信号，于是立即离开那个地方。结果，几秒钟后，楼上掉下来一块"墙皮"，砸在自己刚刚站立的那个地方；感觉那个人不怀好意，于是劝闺密最好远离他；做一些决定时，无意识中被某种力量驱动，然后做出一个选择……

人们总是突然对某些事情产生一种直觉，而这种直觉最后竟然都得到了证实。所以，越来越多的人相信自己的直觉，并且表现出卓越的侦察力。尤其是女性，她们总是能通过一些看似毫无关联的迹象发现与了解自己想要的真相，然后把这种高度的敏感和准确的直觉称为"第六感"，且非常相信自己的第六感。

直觉，看似毫无根据，事实上建立在潜意识重重积累的基础之上。因为潜意识注意到意识所不能注意、无法感知的事物，所以我们可能会对某件事、某个人产生某种预感。心理学家认为，直觉具有以下几个特质，即迅速出现在大脑中；我们不知道这些想法从何而来，也意识不到它的深层运行机制；它具有强烈的实现动机。但是，它就是我们潜意识表达出来的想法，是根据以往的经验、记忆或是之前储存在大脑中的某些信息、素材做出了判断。这些想法或信息已经被我们的潜意识感知，还未被意识感知而已。

如我们之前所说，感觉到危险信号，是因为你在之前的某一天看到楼体的"墙皮"出现裂痕，而且裂痕越来越大，所以潜意识判定这块"墙皮"迟早会掉下来，还可能砸到站在那个位置的人。恰巧那一天，风比较大，你正好站在那个位置，所以隐隐感觉到了危险。之所以感觉那个人不怀好意，是因为你察觉到他刻意隐藏的一些小动作，这些小动作则泄露了他的心思。同时，你知道你的这个闺密比较天真，容易相信别人，之前也被欺骗过，于是潜意识指引着你去帮她、保护她。

可以说，直觉并非毫无根据，也不是与理性一点儿关系都没有的神秘力量。它源于我们的潜意识，是潜意识给予我们的指引，是大脑根据感知的各种信息得出的结论。女性的"第六感"之所以异常准确，是因为她们更感性，对于事物有更高的敏感性，善于感知、收集、整理各种信息。这是一种本能，也是一种与生俱来的特质。所以，越是敏感的女性，直觉越准。

嘉敏和男友恋爱三年，平时很恩爱，出色的两人自然还有着对彼此的欣赏和惺惺相惜。前段时间，两人准备结婚，并且见了家长，商议了结婚事宜。然而，嘉敏的第六感告诉自己：男友可能劈腿了，这个婚结不成了。

于是，她郑重地找男友询问："你是不是做了什么对不起我的事？"

开始，男友并不承认，但是在嘉敏的灼灼目光之下，他坦白自己爱上了另一个女孩，并且决定要取消婚礼。

嘉敏仿佛受到当头一棒，久久不能回过神来。可是，她仍整理好心情，提出分手。男友不停地道歉，恳求嘉敏的原谅，最后还问出一个问题："我没有表现出一点儿异样，你为什么会察觉这件事？"

嘉敏苦笑着说："你没听过'女人的第六感是最准的'这句话吗？这段时间，你给我的感觉与之前完全不一样了。"

是的，嘉敏判定男友劈腿了，靠的就是直觉。因为两人生活了三年，基本摸清了他的性格，对他可能想做和要做的事也有所了解。而且，她知道男友爱自己的样子，也熟悉两人相爱的感觉，所以即便男友刻意隐藏自己的想法，没有表现出异样，但是嘉敏仍凭借卓越的侦察力以及高度的敏感性，察觉到男友变心了。事实证明，这样的直觉也是足够靠谱的。

还有一种直觉，源于经验、条件反射。比如，仅凭双手掂量，我们就可以判断两个相似的物体哪一个轻哪一个重；有些人买股票、做投资的时候，往往会跟着感觉走；玩游戏的时候，选择进还是退，也凭借直觉；尤其在某些专业领域，一些经验丰富的专家也喜欢找感觉，习惯靠直觉。

在这种情况下，经验就是直觉的基础，直觉源于经验。因为大脑中已经积累了丰富的经验和专业知识，所以潜意识引导我们做出一种看似没有根据的判断与选择。事实上，大脑已经进行了计算与权衡，判断出如何去做、去选择才更正确与精准。

当然，并不是说经验越丰富，专业知识越多，人们的直觉越准。如果不能排斥信息干扰项，无法把选择交由潜意识中积累的经验与情感，意识与潜意识就会发生矛盾，进而无法做出正确的选择，导致直觉出错。

总而言之，直觉建立在潜意识的重重积累之上。走心的直觉，就是我们本能和潜意识的反映与体现。有时，它要比理性的判断还更靠谱。所以，当我们做某件事或是身处某个环境，突然有了某种强烈的直觉时，请相信它！

不过需要注意的是，直觉不是冲动，两者有着本质的区别。我们可以相信和利用直觉，但是不能做事冲动，在大脑未处在平静的状态下做选择；我们可以相信直觉，但是不要因此忽视理性，失去理性的判断。不管是做事还是与人相处，过度使用直觉或只相信直觉，往往得到负面的结果。

被忽视的欲望

人是充满欲望并被欲望驱使的动物，我们每个人都有自己的欲望，包括生存需求，对成功的渴望，对金钱的追求，以及情欲、性欲，等等。可以说，欲望就是人内心深处的种种需求和渴望，它的存在有积极的意义，当然也有邪恶的一面。

欲望，有表面的、浅层的欲望，即大脑中想要的、意识能察觉到的；也有深度的渴望，即隐藏在潜意识深处的、未被认知察觉的。不管是浅层的还是深层的欲望，我们都需要认知，正确地利用它，而不是扭曲、压抑它，否则就容易在追逐中迷失、毁掉自己的人生。克里希那穆提是20世纪一位伟大的哲学家、心灵导师，他说过这样一段话："对欲望不理解，人就永远不能从桎梏和恐惧中解脱出来。如果你摧毁了你的欲望，可能你也摧毁了你的生活。如果你扭曲它，压制它，你摧毁的可能是非凡之美。"

一个女人渴望一段完美的爱情，一心想要找到那个全心爱自己，没有一点儿瑕疵的恋人。她遇到了一个不错的男人，展开一次甜蜜而浪漫的恋爱，男人很爱她，也非常细心温柔。可是，她很敏感，喜欢捕风捉影，怀疑男友的爱是表象，于是不断地试探、闹腾，很快就把对方折腾走了。后来，她遇到一个又一个男人，谈了一场又一场恋爱，但是每次都以分手告终。

她渴望有成功的事业，想证明自己比任何人都优秀，过上风光的生活。于是，她比任何人都努力，疯狂地工作，不断地突破，只用短短几年时间便成为职场女强人。随后，她自己创业，有了自己的团队，也做出了突出成绩。然而，她并没有感觉到快慰和幸福，反而内心无比空虚。

其实，根源在于，她没有看到自己的深层欲望。对爱情的渴望，对成就的追求，只是她浅层的欲望，隐藏在她潜意识深处的欲望则是安全感。渴望完美爱情，是因为内心敏感、脆弱，极度需要一个懂自己、爱自己、值得信赖的人来保护脆弱的自己。对于成就或是财富的欲望，则是为了给自己打造一个强大的保护罩。在她的潜意识中，有了财富，有了成就，便有了安全感，不会被伤害、抛弃。

原来她是家中的老二，上有姐姐、下有弟弟，小时候总是被忽视，不被疼爱和关注。对于安全感，她有着强烈的需求和渴望，恰恰这种需求没有被满足，被压抑在潜意识深处。长大后，这种潜意识欲望控制着她，让她感觉自己随时有可能被抛弃，于是便对爱情（感情上）、成就（物质上）有了强烈的欲望。为了满足欲望，她甚至做出一些过分的行为，不断地索爱，苛求爱情的完美，过度地追求物质，疯狂渴望成功，甚至不惜采取不合理的方式。

根据马斯洛的理论，安全感是一种从恐惧和焦虑中脱离出来的信心、安全和自由的感觉，是人们内心深处最基本、最重要的需求之一，也是影响一个人心理健康最重要的因素。安全感需求不被满足的人，往往隐藏着强烈的自卑和敌对情绪，无法接纳和认同自我，经常感到威胁、危险、焦虑、孤独以及被遗弃，自然对他人抱有不信任、嫉妒、仇恨、敌视的态度。所以，他们极度渴望安全感，不遗余力地为更安全而努力。

一旦我们无法认识和了解到这种欲望，便如同上面的女性一般陷入迷茫，没有办法从桎梏和恐惧中解脱出来，更无法获得真正的幸福、快乐。因此，我们需要认识、了解自己内心深处的欲望，明确自己真正需求与渴望的到底是什么，产生这种需求与渴望的根源在哪里。

同时，我们要避免压抑欲望，而是接纳自己的欲望。有人会说有太多的欲望，便会难以把握，被欲望所累。比如，商人对财富有太多的欲望便会贪心，想要得到所有的财富，拿走所有的东西，甚至为了满足欲望而不择手段；女性对物质有过度的欲望便会拜金、虚荣，违背自己的初衷。然而，这不是欲望本身的错，是个别人的行为偏差。如我们之前所说，有欲望本身不是一种罪过，欲望也不只有邪恶的一面，它也存在着积极的意义。

马斯洛认为，人有五种需求，即生理需求，比如食欲；安全需求，比如身体健康、家庭安全；社交需求，比如对爱情、友情的渴望；尊重的需求，比如对信心、成就、互相尊重的渴望；自我实现需求，比如追求个人理想，实现自我梦想。这些需求都是人的欲望。有强烈的欲望，人就不会只满足现状，就会追求事业、财富、美好生活，就会突破自己，实现自我价值。现实生活中，一些人博学多才，见多识广，是因为他们有求知的欲望；一些人成为亿万富豪，是因为对财富与梦想的欲望；一些人成为国之栋梁，成为时代的开拓者，是因为他们有实现自我梦想、国家梦想的追求和欲望。

换句话说，压抑欲望往往促使人产生惰性，逃避进步，让我们拒绝接受自己的成功，甚至否定成功的可能性。很多时候，一些人说着知足常乐，告诉自己"无欲无求"，其实潜意识却在逃避、压抑自己的欲望，承认自己的无能，最后也就失去了成功的可能。因此，有欲望是件好事情，我们无须压抑自己的欲望，而是要勇敢地表达出自己内心的欲望。

不过，欲望也是需要被节制的，不能肆意纵容，否则同样会迷失方向。

人的潜意识里自带偏见吗

偏见是一种可怕的存在，几乎每个人的意识中都存在偏见，只是有些人轻一些，有些人重一些罢了。

比如，我们习惯以貌取人，认为肥胖的人都是迟钝的、懒惰散漫的，通常会对颜值高、衣冠楚楚的陌生人有更多的好感，对他们产生认同感。再如，我们习惯用性别来衡量自己与他人，自己数学比较差，是因为女生的思维能力比较弱，是与生俱来的劣势，或者认为男性就应该比女性强大、勇敢，等等。

来看这样一个实验：

社会心理学家"派出两个小偷"，先后到一家大型商店"偷盗"。其中一人胡子拉碴，身穿打着补丁的蓝色工装，满身都是泥土。他趁别人不注意，偷偷把一件商品藏进自己的口袋，而这样的行为恰巧被不远处的一位顾客看到。不一会儿，一位西装革履、衣冠楚楚的人也偷偷拿了一件商品，同样被另一位顾客看到。

心理学家做了很多次实验，让同样的事情在很多商店上演，目的就是分析旁观者对不同偷盗者的态度有何不同，人们是否存在以貌取人的偏见。实验继续，偷盗者得手之后便会离开，同样让旁观者看见，但是并不理会他所说的话。随后，另一位心理学家装扮成工作人员接近目击者，开始假装整理货架，看旁观者是否报告这起偷盗行为。结果显示：虽然旁观者看到的行为是相同的，但是反应却有很大不同，针对打扮邋遢的人的报告要比针对衣冠楚楚的人的报告多得多。

重要的是，旁观者的报告态度也是不同的。当报告打扮邋遢的人的行为时，他们会主动对其偷盗行为进行渲染，言辞犀利，夸大其词，带有强烈的感情色彩；而报告衣冠楚楚的人的行为时，他们则会神情犹豫，用词保守。

心理学家得出结论：这些人是根据偷盗者的外貌、衣着判断其社会属性。即认为衣着邋遢的人看着就不像好人，行为也是恶劣的，必然是小偷；衣冠楚楚的人必然不是坏人，不会做出偷盗的行为。

这都是偏见，有关于相貌的，有关于性别的。同时，人们还可能因为种族、国籍、身份、职业、个人情感而产生偏见。如之前所说，当我们面对一个陌生人时，意识会自动对其社会属性进行判断，这种判断取决于以往的认知、经验。大脑则会根据以往的认知、经验的信息来填补空白，再根据其他线索得出一个结论。

偏见，则源于错误的认知。因为认知上的错误或偏差，人们看待问题、认识问题是围绕自我直觉、根深蒂固的错误思想和以往的经历，而不是事件本身。负面信息促使我们在思维判断上陷入过分的自我潜意识中，进而无法得出正确的结论。

可以说，人们潜意识中是自带偏见的，因为大脑会根据储存的信息对某人、某事进行补充。虽然这种补充有些不精确，但是我们对其深信不疑。虽然我们对他人的评价看似充满理性，经过深思熟虑，但实际上它却受到自主运行的潜意识的控制。

偏见也源于主观，通常源于潜意识中的主观性。对于某些情况视而不见，或是有选择性地见。而见与不见，都是由我们的内心需求或喜好来决定的。

那么，如何消除偏见呢？之前我们说潜意识被看到，找到内心冲突的根源，我们的思维、行为就会改变。所以，如果我们能认识到自己有偏见，就可以积极地克服它。比如，我们存在性别偏见，认为女性不能胜任某个职业，那么面对类似问题时，则需要在意识这一边加码，尽量保持理性，多审视自己，然后把有关女性优势的信息纳入思考范畴。

我们还需要做到独立思考，训练自己的逻辑思维。我们需要看到问题的本质，而不是以自我为中心，甚至完全依赖自己主观上的直觉、认知以及经验。

来看这个故事，它发生在很久之前的美国。

在一辆从纽约开往波士顿的火车上，两个人交谈甚欢，其中一人是盲人。当时，洛杉矶正在爆发种族暴乱，他们的谈话自然而然也涉及了这个话题。

盲人说，他从小就生活在南方，家庭环境非常优越，有专门的用人服侍自己。因此，他认为黑人天生就是低人一等的，他的用人就是一个黑人。所以，他看不起用人，更很少和其交流。他说，他从来没有和黑人一起吃过饭，也没有和黑人一起上过学。后来，他来到北方念书，不得不接触黑人，甚至和黑人一起上学。这让他难以接受。于是，在一次他举办的野餐会上，他在请柬上印上这样一行字：我们保留拒绝任何人的权利。

这句话的意思很明显——他不欢迎黑人。当时，所有的人都震惊了，没有人相信他竟然有种族偏见。之后，他被系主任批评一通，但是这并没有改变他的偏见。然而，之后的一场交通意外却令他改变了。

当时他正在念研究生，却因为一场严重的车祸而双眼失明。他感到绝望，觉得整个世界都塌了，但是生活还要继续下去，所以他只能进入一家盲人重建院，开始学习如何利用手杖走路、拼读盲文……

经过努力学习，他终于走出困境，开始独立的生活。然而，他又面临另外一个苦恼，这比看不见东西更令他无所适从——他不想接触黑人，却无法分辨对方是不是黑人。他焦虑、无助、抑郁，最后只能求助心理导师。幸运的是，在导师的开导下，他很快走出困扰，并且视对方为最信任的人。

"接下来，你可能想不到，"盲人停顿了一下，继续说，"有一天，导师告诉我，他就是黑人。从此以后，我的偏见完全消失了。因为我看不见他的肤色，但是我知道他是好人，是全力帮助我的人。至于肤色，这对我来说，已经没有任何意义了。"

盲人的偏见源于潜意识中的认知、自己的身份以及生长的环境。因为这些因素，他无法客观地看待问题，并且被潜意识的漏洞所左右。当他独立思考，更重视事情原本的样子时，便消除了偏见。

所以，虽然偏见源于我们的潜意识，且根深蒂固，但是我们可以消除它。

第六章

潜能：来自潜意识的礼物

心理学家耶尔说："人脑是一种比原子弹更具威力的心理炸弹，能在每个人封闭的力量内部引起分裂，相应地释放出巨大的能量。"潜能存在于潜意识中，是潜意识带来的最宝贵礼物。只要我们能正确认识与发掘潜意识，便可以唤醒埋藏于自身的潜能，刺激它发挥最大的能量。

潜能被唤醒，人人能变成"超人"

绝大多数人在审视自己的时候，总是会放大自身的缺点，不相信自己的能力。其实，每个人身上都有巨大的潜力。成功学家拿破仑·希尔说过："每一个人，即使是创造了辉煌成就的巨人，在他的一生中，利用自己大脑的潜能还不到10%。"

就是说，我们身上的潜能是无穷无尽的，很多人没有做成某件事，或是表现平庸，是因为他没有认识到并且激发自身的潜能。只要我们能唤醒埋藏于自身的潜能，刺激它发挥最大的能量，便可以成为"超人"，让自己拥有全新的人生。

有一位年轻妈妈，天生身材矮小，体力也不是非常好。可是，她却跑出约每秒9.65米的速度！这个速度是惊人的，在当时来说，就算短跑比赛第一名获得者也没能达到。为什么这位年轻的妈妈做到了？

她是为了救自己的孩子。她正在楼下晒衣服，突然看到4岁的儿子从8层的家里掉下来，她立即飞奔过去，接住了孩子。结果，孩子和她只是受了轻伤。很快，媒体报道了这件事，一位田径教练也关注了这件事。他按照报纸上刊出的示意图，仔细计算了一下，从20米外的地方接住从25.6米的高处落下的物体，这位年轻妈妈奔跑的速度是异常惊人的。如果不是激发出自身强大的潜力，她是几乎无法做到的。

后来，田径教练专门找到这位年轻妈妈，询问她为什么跑得那样快。这位妈妈回答道："我不能眼看着自己的孩子受到伤害！"于是，田径教练得出一个结论：人的潜力没有极限，只要有一个足够强烈的动机，就可以把自身的潜能激发出来。

之后，田径教练专门成立了一个田径俱乐部，寻找运动员的"成功动机"，并且激发他们努力实现自我突破。最终，一名运动员的潜能被唤醒，在世界田径锦标赛上超常发挥，站在冠军的领奖台上。

这位年轻妈妈和那位运动员之所以能创造奇迹，凭借的就是将自己体内的潜能挖掘了出来，引爆了身上潜藏的那股神秘力量。因此，我们想要成功，在事业或是成绩上有所突破，就需要用积极的心态来发掘和利用自身潜能。当然，潜能被发掘多少，能发挥多少，得看我们的自我认知。你认定自己是强大的，可以变得更优秀，就能发挥出最大潜能。你不愿意停留在一个狭小的、有限的状态，渴望突破，有强烈的动机，那么潜意识便会给予自身有意的暗示、引发和影响，就能很好地激发和释放潜能。相反，如果你否定自己、怀疑自己，又有安于现状、得过且过的惰性，潜意识便会放大自身的弱点、无能，势必无法唤醒潜能。

唤醒潜能，其实就是给自己一个强烈的动机，然后尽最大努力来"逼"自己。原本做不到，但是现在急切想做到；别人认为做不到，现在却发誓一定能做到。然后再加上不断的练习、练习，再练习，便能实现一个又一个的突破。

那么，如何开发和唤醒潜能呢？这里有一些方式，希望能给所有人帮助。

第一，冥想。

通常来说，当人们进入冥想状态时，知性和理性的意识就停止了，即意识停止了一切活动，进入一种忘我的境界。这时候，潜意识的活动变得异常敏锐与活跃，我们可以真正认识自己，了解自身的优势、潜能，发现一个全新的自己。

做到了接纳自己、相信自己，认识到还有巨大的潜能沉睡在自己的身体内，便可以激活自己身体内的巨大能量，成为更强大的自己。

第二，通过心理训练，建立一个内心的圣殿。

我们需要进行心理训练，排除消极、负面的情绪与心理，灌入积极、正面的情绪与心理。这样一来，面对失败、困难时，我们便可以有一个健康的心态，不至于否定自己、逃避与退缩，这样一来，潜能才能被顺利地激发出来。

第三，音乐和体育运动。

音乐可以治愈人心，刺激大脑变得活跃，进而激发自己的潜能。体育运动也是如此，可以让大脑高度兴奋，同时增强体魄、自信和意志力，这些都有利于个人潜能的发掘与发挥。

第四，积极的自我暗示。

积极的心理暗示，可以让人唤醒沉睡的潜能。下面这个案例足以证明：

伍登是一位知名的篮球教练，而且是美国最成功的篮球教练。他曾经在加州大学洛杉矶分校任教，12 年内带领该校篮球队获得10 次冠军。当人们问他如何创造这一辉煌的战绩时，他回答说："让每一天成为你的最佳杰作，这就是最有效的成功方法。"他运用自我暗示的方法，告诉自己和运动员"我今天一定会表现得非常好"，于是激发了所有人的潜能，让球队里的每个人都变得更出色。

暗示的力量

暗示具有非常强大的力量。它是一种最简单、最典型的条件反射，当人们接收到人或环境的信息后，不管是有意还是无意的接受，都会做出相应的反应。

我们在生活中总是无时无刻不在接受外界的暗示，比如父母的正面或负面评价、电视广告的暗示、自我暗示等。当某些信息在我们身边重复，便会在潜意识中积累下来，左右我们的思维和行动。

换句话说，暗示之所以起作用，其实是一个人的潜意识在发挥威力。当我们接收外界的肯定与赞赏或是自我激励与夸奖时，便会不断地向大脑输入有效的积极信号，然后潜意识则会传递出正向的心理预期，促使我们的言行举止受到一定程度的感染，表现出好的一面。尤其在特定的环境里，潜意识不仅会控制我们的行为，还能影响我们的生理状况，反之亦然。

一位有名的私人医师，一天正忙得焦头烂额时，接待了一个"不好惹"的病人。那人身材非常魁梧，脾气也不怎么好，一进来便大力地敲着桌子，高声喊道："该死的！快点给我拿一瓶安眠药。"

不巧的是，安眠药已经卖光了。医师想要实话实说，但转念一想，这时候拒绝这个暴躁的病人，恐怕自己会招惹到大麻烦。于是，他灵机一动，拿来一瓶没有标签的维生素片递给病人，然后说："先生，有了它，你可以做个好梦。"结果，那人吃了维生素之后，竟然真的睡了一个好觉，还感叹这个安眠药果真非常有效。

事实上，那个人之所以能安稳地睡着，且睡得很好，是因为潜意识的作用。在他看来，有了安眠药，自己就能睡个好觉。同时，这位医师是个可靠的人，不会欺骗自己。因此，在这样的心理暗示下，他获得了积极影响，最后真的达到深度睡眠的效果。

从医学的角度来说，当一个人受到积极的心理暗示后，脑垂体和脑下丘体就会受到极大刺激，大脑会自动产生啡肽和镇定素。这些物质的分泌可以起到止痛、催眠的效果，正因如此，那人才能顺利地进入梦乡。

神奇的暗示，可以让我们身心愉悦，缓解失眠的现象，强大身体的免疫系统。同时，暗示也对一个人的健康有着非常巨大的影响，因为潜意识总是不断地听从我们的暗示，而潜意识则可以控制我们的身体功能、状况和感觉。

暗示也可以影响我们的思想。意志力和信仰的产生，便是自我暗示的作用。我们总是对自己说"我是强大的""我一定能坚持下去""我相信梦想""我相信努力能创造奇迹"……这些积极暗示让潜意识不得不服从，并且释放出巨大的力量，支配我们战胜一切挫折与困难，挑战生理上的极限，然后得到自己想要的结果。

当然，积极的暗示产生好的结果，消极的暗示则产生坏的结果。

当父母时常抱怨孩子"你太笨""你不太聪明""你不如别人家的孩子"，便会对孩子产生消极的心理暗示，潜意识中认定自己真的如此糟糕。当他做某件事时，首先想到的是自己笨，肯定不会做好；当他失败时，不是寻找原因，改正做事的思路与方式，然后继续努力，而是归因于自己不聪明、不如人，之后便是放弃和认命。

消极的暗示会让我们的身体和感觉变得糟糕，事实上我们并没有什么病。有人做过这样的实验，通过暗示可以让其发烧、脸红或发冷，甚至让他不能正常行走，甚至在催眠的状态下有人吃下一个洋葱，却感觉自己正在吃苹果，闻一杯无色无味的凉水却感觉在闻辣椒水，还会刺激其出现生理反应——打喷嚏。

所以，很多医生和心理学家认为，人的大部分疾病来源于内心，内心不做出反应，身体不会生病。你意识到自己感冒了，说自己不舒服，于是潜意识便给予暗示，导致你身体发热、头疼、疲惫；你的情绪很不好，告诉自己"一切都非常糟糕"，于是你便感觉胸闷，有些喘不过气来。

不管暗示是来自自我还是他人、环境，其效果都相差无几。我们得到积极的暗示，就容易变得自信、强大，有好的身体和情绪状态；得到消极的暗示，便会恐惧、紧张，身体和情绪都进入糟糕的状态，有时还可能危及生命。

一个心态不好的调度员遇到什么事情都习惯往坏处想。一天，他检查工厂的冷柜，不小心被关在里面，冷柜中又没有信号，无法让他向外求救，所以他只能拼命地敲打大门呼救。可是所有人都下班了，根本没有人响应他。

调度员感觉越来越冷，心想：这个冷柜的温度低于零下20摄氏度，我肯定会被冻死的。我真的太倒霉了，为什么会遭遇这样可怕的事情？最后，他真的被冻死了。

最后，人们发现这个冷柜因为需要维修，并没有启动制冷系统。就是说，虽然人会感觉有些凉，但是不足以冻死。调度员之所以被冻死，是因为消极的暗示让他绝望，同时让其身体失温越来越迅速。

所以，暗示的力量是不容小觑的。越是情绪容易被影响的人，越是心态消极的人，越是应该注重暗示的作用，尽量不给予自己消极暗示，而是给大脑反复输入积极正面的思想，促使积极的思想占据上风。

我们还需要定期检视一下，看看身边的人是否总是对自己做出消极、否定的暗示。比如，有人习惯向你抱怨生活的不如意，把你当作情绪的"垃圾桶"，或是总是打击、贬低甚至是对你PUA。如果是这样，那么赶快远离，否则消极、恐惧就会植入你的潜意识，左右你的生活。

我们需要远离消极暗示，用一种新的且积极的暗示来代替它。当我们这样做了，身体和精神便会习惯性地处于积极快乐的状态，然后促使我们拥有美好、成功的人生。

强大记忆是可以训练的

大脑对它所经历的一切，包括看到的、听到的、闻到的、触摸到的、感觉到的、体验到的、思想到的、联想到的等都有记忆，并且会储存下来。意识与潜意识对大脑中储存记忆、信息的提取过程，便是它对我们行为、思想的影响和控制过程。

当然，从某种角度来说，潜意识是具有完全记忆能力的，同时，记忆能力的增强有利于潜意识的开发和利用，因为记忆、直觉、创造等能力都处于右脑的潜意识区域。那么，如何提升强大的记忆能力呢?

我们需要加强记忆，利用定时回忆的方式来强化记忆。我们知道，当我们看到或是接触某个人、某件事时，大脑会形成瞬时记忆，但是这个记忆如同肥皂泡一样，一瞬间就会消失。但是，如果我们在短时间内再次看到或是接触某个人、某件事时，比如在街道上、公交车上两次或多次碰到一个人，瞬间记忆就会得到加强。大脑把关于某个人、某件事的信息提取出来，再结合新的记忆，产生新的形象。于是，我们便对某个人、某件事产生短时记忆。

短时记忆是脆弱的，只能保持一天，最长不超过一个星期。但是，如果我们多次接触这个人并与他交谈，或是多次尝试做这件事，记忆便会持续强化，变为长时记忆。需要注意的是，当长时记忆形成后，我们的记忆能力会变得强大起来，能回忆起忘掉的东西。比如，能回忆起第一次见到这个人的一些情形，甚至是细节。就是说，这些记忆储存在我们的大脑中，不被意识察觉，却被潜意识察觉。当与其相关的记忆增强后，潜意识把这部分信息提取出来，进而被意识察觉。所以，训练记忆的最佳方法便是反复复习，让瞬时记忆、短时记忆发展为长时记忆。这便是我们学习知识时提倡的"温故"。

同时，我们需要有意识地记忆。当我们接触某个信息时，有意识地、准确地记忆它，包括记住它的梗概、某些细节等。比如，利用一些记忆技巧来增强记忆，包括理解记忆、联想记忆、兴趣记忆等。

理解记忆，就是在记忆一些东西前，先理解它、接受它，在脑海中想象成一个画面，这样一来，更容易记得住、记得牢；联想记忆，就是在记忆时发挥想象和联想的能力，通过谐音、形象转化等方法，把无意义的数字变得生动有趣，或是把两个信息联系在一起，增加记忆的灵活性；兴趣记忆，是寻找自己有兴趣的点，或是把应记住的东西与自己喜欢、偏爱的东西联系在一起，自然就大大提升了记忆能力，因为大脑在记忆时总是偏爱感兴趣的东西。

我们还可以在大脑中建立一个属于自己的记忆宫殿。记忆宫殿本质上是依靠联想来提升记忆的方式，即想象出一个又一个空间，如建造宫殿一般，然后把信息分类储存在不同的房间。

记忆宫殿最好依照我们熟悉的、现实存在的建筑来建造。比如，可以依照你的家建造一个简单的宫殿，卧室、厨房、卫生间等房间储存不同的信息。然后，不断扩大记忆宫殿，如自己的房子、整栋楼、一个小区、整个城市。宫殿越大，真实的地方越具体，储存的信息就越多。

　　我们的想象力越强，记忆能力越强，建造的记忆宫殿也就越大。当然，想要记住更多的东西，然后提取它，需要我们按照某种特定的顺序来记忆，在宫殿中制定专门的行走路线。比如，你把某个重要数据按照特定顺序储存在特定空间，等到需要它时就按照宫殿结构或是路线寻找它，否则可能发生记忆错乱、搜索不到记忆的情况。此外，想要记忆宫殿有效，我们还需要确定一些有明显特质的事物，来标明路线和储存信息类型。

　　总之，记忆是可以训练的，只要我们找到适合自己的方法和技巧，便可以激发内在潜能，形成强大的记忆能力。事实上，人的大脑的记忆潜力是非常巨大的。英国心理学家东尼·博赞说："人脑好像一个沉睡的巨人，而我们只用了不到1%的脑力。一个正常的大脑记忆容量有大约6亿本书的知识总量，相当于一部大型电脑存储量的120万倍。""如果人类发挥出其一小半潜能，就可以轻易学会40种语言，记忆整套百科全书，获得12个博士学位。"

你的生理极限可以挑战

人的身体就像一台机器，合理使用与运作才能保证机器运行的正常和顺畅，其使用和运作是有极限的。如果超出身体的生理极限，就可能给身体造成很大的伤害，甚至危及生命安全。

比如，人的心跳极限是每分钟220次，这是迄今为止科学发现的心脏能够承受的最大极限的心跳次数。超过这个数值，心脏就无法继续完成正常的搏血功能。再如，人体具有耐热性，能忍受较高的环境温度。不过，人体在干燥的空气环境中所能忍受的温度是有极限的，在71℃环境中能坚持整整1个小时，在82℃时能坚持49分钟，在93℃时能坚持33分钟，在104℃时仅仅能坚持26分钟。

如果我问你"你可以单腿站立多长时间"，你或许回答10分钟、1小时，甚至更多时间。实际上，一位来自斯里兰卡的男性苏雷什·约阿希姆却创造了吉尼斯世界纪录，一只脚站立并保持平衡达到76小时40分钟，突破了生理极限。

因此，虽然人的身体存在生理极限，但是这个生理极限往往会因为受到精神因素的直接作用而表现出不同的状态。意思是说，如果我们的心态是积极的，有信仰，有意志力，就可以提高体力和忍耐力，使身体爆发出巨大的潜能。

乔·辛普森是一位探险家，一次和朋友西蒙以及另外两个人攀登秘鲁安第斯山脉的西鲁拉格峰。在他们之前，也有过一些登山者试图征服这座山峰，但是都因为天气恶劣、山路陡峭而退缩了。

刚到山峰下，另两人也退缩了，只有辛普森和西蒙继续坚持。虽然他们攀登得异常艰难，但是凭借着自己的能力和毅力成功登顶。但是在下山的途中，辛普森突然一脚踏空跌下陡坡，左腿膝盖骨被一块凸起的岩石撞得粉碎。虽然西蒙拼尽全力救助辛普森，但是他仍朝着一道很深的裂缝滑去，还顺势把西蒙拉了下去。危急时刻，西蒙只好用刀子割断牵着辛普森的绳子，确保自己的生命安全。

最后，虽然辛普森侥幸活了下来，但是他伤得非常重，左腿不能动弹，全身因为撞击而剧烈疼痛。在这种情况下，他可能无法动弹。然而，求生的欲望激发他爆发出巨大的潜能，让他忍耐住剧烈的疼痛，也支撑他不断地向前爬行。就这样，辛普森挑战了生理极限，向前爬行了7000米，最后也让自己幸运地获救。

可见，人的体质和能力是相对稳定的，每个人都有其无法突破的生理极限。然而，潜意识的力量也是无穷的。当我们告诉自己"我一定能行""我可以突破极限"时，那么身体的承受力和耐性便会大大提升。当我们调动自己的意志来对抗疲惫、痛苦的时候，就可以进入新的状态，发现身体上的一切不良状态似乎消失了——难以忍受的疼痛，也可以忍受了。

哈佛女孩刘亦婷在小时候就曾通过一些小游戏来挑战自身的生理

极限，磨炼自己的忍耐力。她和爸爸打赌看谁能捏住冰块15分钟，两人用手指捏住一大块冰块，然后开始倒计时。第1分钟，她没有感觉很冰，可是到了2分钟就感觉到刺骨的冰，只能强忍着才不至于让自己放手。第3分钟，她感觉手指头剧烈疼痛，第4分钟感觉手指头已经被冻僵……第10分钟，手指头已经完全麻布，没有任何知觉……但是，刘亦婷仍坚持了15分钟。后来，刘亦婷不断地练习、练习，终于挑战了自己的极限——可以"捏冰"长达20分钟。

其实，这是一种对于身体极限的挑战，也是对于心理的考验。如果我们也做这样的挑战，便会有这样的感受：在之前的几分钟，身体还是会听从意识的管控，但是到了第7分钟，便会感觉自己开始进入极限状态。在这种状态，人们会成倍放大自身的痛苦，感觉手指剧烈疼痛，这种疼痛直至心扉，让人呼吸都变得沉重。同时，全身好像对我们说："我无法忍受了。我需要放弃！"如果这个时候我们真的放弃了，那么就会前功尽弃。但是如果坚持下来，调动自己潜意识中的积极因子去对抗全身的痛苦，便会进入新的状态——感觉不到冰冷和疼痛，突破自己的极限。

因此，人的生理极限是可以突破的。生活中，我们要爱护自己的身体，不让身体超负荷地运行，同时也不应该给自己强行制定标准线、极限，否则就意味着给自己设限，进而无法实现自我突破，发挥出自身的最大潜力。

如果不挑战生理极限，各种体育比赛的赛场上就不会有一个个新的世界纪录；如果不是在追求极限的道路上永不停下脚步，历史上也不会出现爱因斯坦、霍金、贝多芬等创造奇迹的人。

人体内的潜能是无限的。一项调查显示，正常人的阅读速度为每小时30～40页，但是经过训练，却可以达到每小时300页；人的大脑处于兴奋状态时，只有10%～15%的细胞在工作；人的骨骼的承受能力，如股关节的承受力是体重的3～4倍，膝关节的承受力是体重的5～6倍，小腿骨能承受700千克的力，扭曲的负荷力是300千克。

所以，我们的生理极限可以被突破，只要能发掘出潜在的力量，同时调动潜意识中的意志，便可以突破自身极限的天花板，创造出奇迹。

装出好心情，从消极变积极

现在我们已经很清楚，潜意识主宰着我们的精神活动，也影响着我们对外界做出的反应。不论我们的意识是在无所事事还是参与潜在的活动，潜意识都影响着我们的喜怒哀乐以及行为方式、思维模式。

生活中，糟糕的事情时有发生，我们也有情绪低落的时候。比如，你今天穿了新衣服，却在出门后意外溅了泥点儿；你本没有犯什么错，却成了被殃及的池鱼，遭到上司一顿骂。因为这样，你感觉自己倒霉透顶了，抱怨坏事为什么会发生在自己身上，之后上班、下班、吃饭都是一副愤愤不平的样子。在你的潜意识中，自己是倒霉的，坏事会发生在自己身上，甚至纠结事情变坏的原因，于是做事越来越消极。同时，困惑、愤怒的情绪困扰着你，让你失去对意识的控制与支配，说话、做事都会失控，或是把情绪发泄到身边的人身上，或是心不在焉，说错话、做错事。

所以，美国的心理学之父威廉·詹姆斯说："改造世界的力量就在你的潜意识中。"我们向潜意识传达什么信息，它都会尽力地呈现出来，然后反过来控制和影响我们的一言一行。这就告诉我们，当事情发生了，我们输入消极、错误的想法，思维和行为就是消极的，得到的结果也是不好的。相反，我们输入积极、正确的想法，潜意识中自然积累更多积极、正面的信息，我们的思维和行为自然会变得积极起来。

换句话说，事情原本很糟糕，但我们用乐观的态度面对，向潜意识传达这样的信息："这没有什么大不了的""幸好这个泥点儿可以被湿纸巾擦掉""嗯，幸好上司提醒了我，要不然我也会犯这样的错"……就算情绪有些不好，也要装出好心情，让自己微笑。那么，当积极乐观的情绪在大脑中积累之后，我们会在潜意识的影响下真的开心起来。

刘奇毕业于名牌大学金融专业，毕业后顺利进入一家知名外企。他平时工作表现良好，业务能力也比其他同事强很多，但是工作两年了，都没能得到晋升的机会。这让他非常郁闷，认为公司晋升体制存在问题，抱怨上司不能识别人才。那段时间，刘奇情绪低落，做事也变得消极起来，看谁都不顺眼，抱怨公司、同事身上有一大堆问题。

这时候，一家猎头公司找到他，说一家实力不错的私企看上了他，想要挖他过去。经过深思熟虑，刘奇决定辞职跳槽。他想，或许外企的工作环境和氛围不适合自己，私企的环境和氛围更活跃些，适合自己施展才华。

然而，令他没有想到的是，度过一段"蜜月期"后，自己依然不受重视，无法赢得上司的青睐，也没有办法融入同事这一大集体之中。刘奇的情绪又开始低落，做事没有了之前的激情，他不明白为什么事情会变坏，抱怨糟糕的事情为什么永远发生在自己身上。

正当他再次准备辞职时，上司找到他，并且坦诚地说出自己的想法："其实，你很有能力，业务水平非常高，但是和你共事真的让人觉得很累。这是我的想法，也是其他同事的感受。你需要明白一点：没有人希望总是看到一张苦瓜脸。"上司举了两个例子：一次，整个团队一起谈某个项目，大家原本谈得很开心，结果刘奇一言不发，阴沉着脸，大家都以为他对自己有意见。还有一次，技术部的小王无意间犯了个小错，他便把小王劈头盖脸地骂了一通，不给他辩解的机会。

刘奇急忙说："我不是针对大家，是因为那天开车与人发生剐蹭，还有了一点儿争执……小王那次，是因为其他人也犯过类似的错，我已经强调了好几次……"

上司笑着说："谁在生活、工作中不会遇到糟糕的事？谁又整天没有一丝丝的烦恼和不快呢？都像你这样，我们还能看到笑脸吗？"

刘奇无奈地说："难道我不能表现自己的情绪吗？难道明明情绪不好，还要装开心吗？"

上司说："你说得没错。如果没有好心情，最好的方式是装出好心情，这样我们才不会陷入坏情绪无法自拔，才能避免坏事对我们的负面影响持续扩大、蔓延。在这里，我给你一个忠告：装出好心情。"

刘奇听了上司的话，陷入沉思。之后，他尝试做出改变：遇到一些坏事或是让自己郁闷、愤怒的状况，他会说服自己微笑，然后告诉自己："虽然这有点儿糟糕，但是我要保持好心情""从现在开始，我要装作很开心"……结果，他惊喜地发现，装着，装着，笑容变得不那么僵硬了，心情也真的变好了。

最后，刘奇没有辞职，而是开始向上司学习，请教如何在情绪低落时装开心，如何控制好自己的心情。没过多长时间，刘奇的境遇就改变了，人缘变好了，事业也蒸蒸日上。

心理学家维克托·弗兰克这样说过："在特定的环境中，人们还有最后一种自由，那就是选择自己的心态。"有坏事发生，情绪低落是难免的，释放情绪也是正确的做法。所以，我们要允许负面情绪的出现，因为情绪就像弹簧，你越要压抑它、控制它，它就越拼命地反弹，甚至可能因为过度压抑而爆发。负面情绪若是在潜意识中不断积累，往往会给我们的人生带来消极的影响。

但是，想要潜意识发挥积极的作用，我们就需要不间断地输入积极的信息。只有摆脱原有的坏情绪，用乐观的态度面对坏事，让积极的情绪不断地积累，我们才能改变思维和行为。所以，即使在情绪不佳的情况下，我们也需要装出好心情。事实上，只要我们愿意，就可以做到这一点。

现在人们都喜欢说："爱笑的女孩，生活都不会去为难她。"这不是说命运之神特别眷顾她，让她的人生没有坎坷和磨难，而是说因为她总是积极乐观地面对所有事，即便遇到坏事、失败，也能调整和控制情绪，努力让自己微笑，让自己的情绪变得积极，而不是沉浸在负面情绪中。这样一来，她的内心是积极而又乐观的，潜意识中积极正面的情绪对其进行了正向引导，所以她的行为是积极主动的，生活也会充满美好和幸福。

你相信什么，就能成为什么

潜能的开发，就是潜意识的开发。它潜于何处，如何发挥，发挥出多少，都是由潜意识控制的，不由人的意识控制。潜意识坚定地维护着我们的自我意象，这个自我意象就是我们的自我身份。当你认定自己是什么样的人，潜意识便会维护你的这种认定，进而控制和影响你的思维与行为，促使你最终成为那样的人。

比如，某位母亲爱贬损孩子，说他比较丑、不聪明，长年累月之下，孩子内心有了一个丑陋的自我形象——尽管他并不丑，也很聪明。但是，这个自我意象在潜意识中形成了，并且潜藏得很深。虽然在成长的过程中孩子的表现变好了，母亲也不再贬损他，然而，潜意识使他仍维护这个"丑陋我"的身份，遇到什么事情，尤其是失败、挫折时，便会调出潜意识深处"丑陋的自我形象"，进而没有了自信，缺少勇气。他认为现实中的自己、别人眼中的自己，便是那个"丑的""笨的"自己，自己做不成事、不受欢迎也是理所应当的。当然，他不希望如此，但是当愿望与现实发生巨大冲突时，便浮现那个潜意识对自我身份的认定和描述。

所以，潜意识的影响是非常巨大的，你相信自己是什么，就会成为什么。当然，潜意识不具备好与坏、对与错的识别能力，我们给它什么样的信息，它就接受什么样的信息。就是说，如果我们认为自己是一块普通的石头，那么就只能成为一块普通的石头，永远也卖不上好价钱；但是如果我们相信自己是一块宝玉，那么就可以成为一块宝玉，跻身到珠宝市场，卖出天价。

所以，想要激发出最大潜能，我们需要给潜意识输入积极正面的信息，在大脑中引导出自己希望的成功场景。树立一个强大、自信、勇敢、成功的自我形象，便可以促使潜意识引导自己产生积极的行动，达到预定的目标。

约翰·库缇斯是一位不凡的人，创造出了与众不同的人生。他天生残疾，出生时身体只有可乐罐那么大，而且脊椎下部没有发育，医生断言他不可能活过24小时。但是，他却打破了医生的预言，坚强地活了下来。

17岁那年，约翰做了腿部切除手术，成为靠双手行走的"半"个人。他的人生充满痛苦和耻辱，上学时许多小朋友骂他是"怪物"，更有一些同学恶作剧地在他的课桌周围撒满图钉。中学毕业后，他进入社会开始找工作，却因残疾被无数次拒绝。

几乎在所有人看来，约翰是个什么都做不了的可怜人，但他自己却不这么想。他坚持不坐轮椅，坚持用"手"走。他每移动一步都感到钻心的疼痛，手经常被扎得鲜血直流，但他一直相信自己能学会走。后来，为了能够走远路，他凭借惊人的毅力学会了溜冰板，考取了驾照，还坚持体育锻炼……由于长期锻炼上肢，他的手臂爆发出惊人的力量，取得一系列让正常人都觉得不可思议的成就：1994年，他夺得澳大利亚残疾人网球冠军；2000年，他拿到全国残疾人举重比赛第二名……

后来，他开始进行全新的生活体验——演讲。这缘于一个偶然。在一次当地社团举行的午餐会上，他应邀做了一个简短的演讲。演讲时，他一直鼓励自己，尽可能让自己站得高。结果，这场演讲赢得了满堂彩，也让他发现了自己的演讲天赋。从1996年开始，约翰开始四处演讲，至今已到过190多个国家和地区，成为享誉世界的激励大师。

天生严重残疾的约翰，战胜了死亡，激发出身上最大的潜能——只能靠双手行走，却成为运动健将；从小受尽歧视和折磨，却取得惊人的成就。这是因为他潜意识中的自我意象是积极的，要成为成功者，而不是"废人""一无是处"。虽然他曾经绝望，想要以自杀来结束自己的生命，但是在家人的鼓励下，他修改了糟糕的自我意象，消除了潜意识中的负面思想。

他说："这个世界充满了伤痛和苦难。有人在烦恼，有人在哭泣。面对命运，任何苦难都必须勇敢面对，如果赢了，就赢了；如果输了，就输了。一切皆有可能，所以永远不要对自己说'我不行'。""不管面前是什么样的挑战，我都用我的方法积极地冲向它。我实在记不起自己当时站了多少次又摔倒了多少次，我只知道如果摔倒十次，那么第十一次一定要站起来；摔倒五十次，那么第五十一次就一定要站起来；如果一百次摔倒，那么就第一百零一次再站起来!"

所以，关于潜能的威力，其实无神秘可言，它起作用的过程就是——我们认为自己很强大，能干出一番惊天动地的事业，在潜意识中构建了一个类似的自我意象，并且在潜意识的维护和帮助下，产生了能力、技巧与精力这些必备条件。当我们认定"我的潜力无限""我是能力很强的人"，自我信念与信心便增强了，促使自己精神高度集中，能力充分发挥，最终达成目标。

简单来说，一个人能否获得成就，一切取决于他自己。知道了这一点，我们就需要尽可能地调动自己的潜意识与潜能，很好地利用它帮助自己发挥最大的能量。我们还需要在大脑中树立积极良好的自我意象，而这一前提是我们的潜意识存储的信息是积极的。这需要我们必须重视对自我的认知和积极暗示。

最后，我们需要注意一点：潜意识的记忆力差，需强烈刺激或重复刺激。我们要不断输入积极正面的信息，改变自己的内在，这样一来，潜意识才会慢慢引导我们的行为。

挑战难题，突破自己

有这样一个实验：

心理学家把一只狗关在笼子里，笼子底板是由可以导电的金属制成的。只要铃声一响，实验人员就会电击狗。狗被关在笼子里，出于本能，会立即跳跃到另一边。之后，实验人员则会电击右边的底板，狗又跳跃到左边……但不管怎样，它都无法躲避电击。于是，多次之后，狗便不再想逃的事情，放弃所有努力，宁愿忍受着电击。后来，就算实验者打开笼门，狗也不再逃了，而且不等被电击就倒地呻吟和颤抖。

这个现象叫作习得性无助，它描述了包括人在内的动物，在多次受挫折、打击之后表现出消极、绝望以及放弃的态度。习得性无助的形成过程很简单，即频繁遭遇挫折、打击—产生消极认识—潜意识中充满无助感—动机、情绪、认知受到损害—失去挑战的心理能量—习惯性放弃、不作为。

其实，这就是我们时常说的"破罐子破摔"心态。当遇到挫折、难题的时候，潜意识中失败、被打击的记忆被唤醒，于是暗示自己"你已经失败很多次了，不会成功的""我再怎么努力也不行的"，接下来就不再思考与努力，而是直接选择放弃。放弃的次数多了，便形成了习惯性思维与习惯性行为。

事实上，很多人之所以失败，无法突破自己，便是陷入了一种习得性无助的状态。在这种状态下，人过于关注之前的感觉，无法摆脱潜意识中的痛苦和无助，于是面对类似的事情时就会不自觉地与之前的事对比，在潜意识里认为这次还会产生一样的结果，最后失去摆脱失败、战胜难题的意愿。

结果，人越来越不自信，越来越不敢挑战。就算有能力，也习惯性放弃。面对简单的事和难办的事，不假思索地就选择退缩。如此一来，自然就无法进步与有所突破了，更不用说激发自身隐藏的潜能了。

无数事实说明，生活中如果我们总是做简单、容易的事情，总是逃避困难、挑战，那么不仅能力越来越退化，胆量、自信心与心态也将持续退化，最后只能做最简单、最没有挑战性的事情。相反，如果我们敢挑战一些有难度的事情，努力接触一些未成功的事，那么便可以实现自我突破，激发自身最大的潜力。即便最后没有挑战成功，但是做到了迎难而上，提升了行动力与思维力，最后也提升了自己的能力。

心理学家梅兹·钱培尔在他的著作《如何控制担心》中说："因为我们时时练习担心，甚至成为习惯，于是我们都成为好担心的人。我们有沉溺于过去消极想象中和预期将来的消极事物的习惯。"意思很简单，消极的行为会导致消极的思想，消极的思想则会助长紧张、恐惧、焦虑等情绪，进而影响我们的行为与生活。这是一个相互影响的过程，最后也会形成一种恶性循环。所以，钱培尔给出自己的建议："治疗忧虑的唯一方法，便是遇到担心的想象便习惯性地以愉快的想象取代之。每次你为了一件事情担心时，便应该把它看作是'信号'，而马上用过去或将来可能发生的愉快想象来填满脑海，代替消极的忧虑。相当时间后，它便会不攻自破，因为它已成为反担心练习的刺激剂了。"

我们需要改变自己的思想与行为，需要调动自己的潜能。不断挑战难题，不被困难吓倒，不让自己陷入习得性无助状态，才能够促使潜能迸发出来。

一次体育课上，体育老师正在考核学生的跳高水平，一开始高度定在1.4米，所有孩子都轻松跳过了。接下来，高度定在1.45米，一些孩子尝试了几次，跳过了，而一些孩子始终都没有跳过去。最后，老师把高度调到1.5米，所有孩子都没有成功，并且不再愿意尝试——他们想，反正自己也跳不过。

这时候，一名男孩想尝试一次，但是又担心像其他小伙伴一样失败。正在他犹豫不决的时候，老师催促他快点行动，于是他突发奇想，选择背对横杆，腾空一跳……虽然他摔得很狼狈，惹得所有孩子哄堂大笑，但是他成功了。

体育老师夸奖了他，并且鼓励他继续努力，练习这种特殊的跳高方式，挑战更高的高度。男孩有些迟疑，因为他知道自己只是侥幸成功了，如果挑战更高的高度，他可能永远不会成功，可能摔得更惨。但是在老师的激励下，他依旧接受了挑战，接下来他开始拼命地练习，虽然一次次失败、一次次摔倒，但是仍不断挑战，提升与完善技术。

随着时间的推移，他挑战的高度越来越高，取得的成绩也越来越好。最后，他站在奥运会的赛场上，成功挑战了2.24米的高度，创造了一个新的奇迹。他就是美国著名跳高运动员理查德·福斯波。

对于别人不能完成的事情，理查德知道自己也很难完成。那个时候，他也担心自己会失败，也经历了失败。但是他选择迎难而上，改变思维，创造了一个新的跳高姿势，最后，他成功了。接下来，他没有停下来，依旧不断地向更高、更难挑战，突破了自己。当他身上的潜能迸发出来时，他打破了世界纪录，创造了奇迹。

所以，很多时候，我们不是被失败、难题困住，而是被自己困住。当我们多次遭遇失败、打击的时候，习得性无助会让我们失去挑战、突破的心理能量，尤其是环境比较糟糕、他人总是否定我们的时候，潜意识会加重我们的恐惧、焦虑，让我们不敢冒险，不敢接受挑战。

然而，这并非无法解决，只要我们能用积极的思想代替消极的思想，正确对待失败、挫折与难题，并且行动起来，用行动替代没有必要的担心，便可以调动潜能，实现突破。

第七章

潜意识魔力：控制人行为的秘密

　　荣格说，一个人的命运就在潜意识里。潜意识是人身体里的一部分，是人心灵的一部分，总是在无意识中支配我们的身体、情绪与心理，控制我们的信念、欲望、选择、各种能力甚至本能。因此，潜意识的力量永远大于意识，最终控制我们的行为与命运。

潜意识控制了你，你却称其为命运

人的行为主要源于本能、欲望、理想、信念、责任、使命感以及外界环境的压力。这些因素大部分来自潜意识，或是受其控制。于是，潜意识在很多方面影响着我们，可能造就了我们的幸福与成功，也可能导致我们的不幸与失败。

因为潜意识是我们不能认知或没有认知到的那部分，只是潜移默化地受其影响，或是本能地采取某种行动，于是便会以为这不是自己的选择，而是因为命运。然而，很多时候命运就是我们的潜意识，我们在潜意识的影响下做出合理选择，爆发出强大的力量，却因为不能察觉自己为什么这样做，是什么力量控制了自己，才将结果归因成所谓的命运。

织田信长是日本战国时期最知名的将领，一次遭遇了实力强于自己10倍的敌人，他有信心打胜这场硬仗，但部下们显然不是如此认为的。他们认为在这样敌我实力悬殊的情况下，赢的概率微乎其微，于是都劝织田信长慎重，甚至建议退兵。

但是织田信长力排众议，执意带着部队一路向前。途中，他们遇到一座神社，织田信长对所有人说："既然你们没有信心，那么我们就问问神的旨意吧！我扔出一枚钱币，如果正面朝上，表示神会帮助我们获胜，我们就继续前进；如果反面朝上，表示神不站在我们这边，那么我们就撤退。"

织田信长走进神社，默默向神祈祷，然后当众投出一枚钱币。所有人都睁大了眼睛盯着钱币，结果发现正面朝上！大家欢呼雀跃，感谢神的支持与保佑。织田信长则趁机鼓舞士兵们的士气，宣告这次大战一定能获得胜利。

此时，所有人沸腾了，脸上写满勇气与信心，杀敌时也是勇猛无比，势不可当。最后，他们大获全胜，把敌人打得溃不成军。打扫战场时，一些部下感谢神的帮助，并且说这就是命运的眷顾。但是织田信长却摇着头说道："不，这是你们自己打赢了。"说完，他拿出那枚问卜的钱币，这时人们才发现原来它两面都是正面！

为什么织田信长的部队会大获全胜？很简单，是因为士气高昂，有必胜的信心，而不是所谓的命运眷顾，不是神的指引。士兵们从士气低落、自信心不足，到士气高涨、无所畏惧，是因为潜意识中积极情绪的影响。

织田信长谎称得到神的支持和帮助，不断地输入积极的信息，使得所有人潜意识中的消极因子被驱散，并加深了内心积极情绪的产生和积累。心态变得积极正面，信心自然也增加了，士气也就高涨了。当所有人都坚信自己能赢的时候，好运也就随之降临。

因此，很多时候，我们失败、遭遇坎坷，并不是命运在捉弄，而是潜意识左右了我们的思维、行动，促使我们做出错误的选择。面对痛苦，我们被潜意识中的消极情绪丛影响，习惯性逃避，或是潜意识的知觉唤起早已遗忘的不幸经历，便无法面对痛苦，不由自主地沉浸其中，之后很可能被这种痛苦控制，无法让自己幸福起来。

潜意识就是控制了我们内心的力量，它通过身体的沟通传递生理感觉信息，进而影响和控制我们的行为。这种对我们内心力量的控制，主要体现在两个方面：一是当潜意识认为一个人不能控制内心那些能量时，即不能处理自卑、恐惧等负面情绪时，它就会站出来，来掌控局面。当我们希望自己能影响潜意识，并且希望它能帮助我们应对负面情绪时，它便会突破潜意识的防守，主动保护和帮助我们；二是当我们渴望成功时，潜意识便会保证我们成功，因为内在的动力通常驱使我们去做有意义的事情，发现生命的价值，进而决定自己的现状和命运。

简单来说，潜意识总是听取我们的言语或非言语的指令，它依赖我们对生活的理解与思考。同时，潜意识也在点燃我们的思想和潜在的信念，驱使我们采取积极正面或是消极负面的态度对待所有的问题。

一个年轻漂亮的女孩，原本生活过得无忧无虑，然而不幸袭来了——当她准备和相恋三年多的男友结婚时，发现自己患上了癌症！面对如此巨大的打击，女孩内心的伤痛和绝望可想而知，但是她没有认命，更没有抱怨命运的不公，而是很快振作起来，选择乐观地与病魔抗争。

接下来多次的化疗，让女孩逐渐变得憔悴不堪，甚至一头秀发都所剩无几。就在这时，那个曾经海誓山盟的未婚夫坚持不住了，再也没有出现在她的面前。这对于女孩来说，又是一个天大的打击。她躺在病床上整整一天一夜没有开口说话。很快，她又挺了过来，并且对身边的亲人说："我不怪他，没有人能真正为爱情奉献一切。而且，他陪伴我的时间已经够多了，他有很大的压力……我现在连生命都把握不了，还怎么去把握爱情？……不过，我知道自己必须坚强起来，只要心中有希望，生活会好起来的！"

之后，女孩依旧乐观地面对病痛的折磨，每天都穿着美美的衣服，有时还给自己化淡淡的妆。不仅如此，她还与其他病友交谈，疏导他们的情绪，努力让自己和其他病人的生活重新明亮和鲜活起来。

因为她潜意识中积累的勇敢、乐观、坚强等情绪的影响，她的癌细胞得到了很好的控制，病情越来越稳定。三年后，她的身体恢复得差不多了，也遇到了一位非常优秀的男士，过上了幸福的生活。

因此，最强大的是我们自己。如果你的潜意识是匮乏的，隐藏着消极负面的力量，那么你的命运好不到哪里。然而，如果你的潜意识是充盈的，充满积极正面的力量，那么也会衍生出无数好的思想、情绪与机遇，同时改变自己的命运。

心理创伤之后，压抑、转移与释放

人的成长是一个过程，但是这个过程往往并不是一帆风顺的，可能受到某种伤害，遭遇某种不幸。这种伤害和不幸无法摆脱的时候，便会形成心理创伤，影响我们的一生。

比如，由于很多人的人生是不幸的，承受着痛苦，被伤害、被折磨，导致生活和事业不顺。于是，在某个时刻因为某句话、某件事，情绪敏感点被触碰到，彻底爆发了，轻则做出一些不理智的行为，重则犯下大错。这种情绪的爆发，是因为之前的心理创伤，诸如儿时遭受的冷待、年少遭遇的霸凌等。这种恐惧、痛苦刻在潜意识中。一旦相似的情景再现，或是某件事刺激他想起曾经的痛苦，潜意识便会驱动着他去做一些事情。

心理创伤是一种放大效应，其伤害和影响远远超出我们的想象。如果这个创伤没有得到修复，就会产生巨大的负面影响，使其一生都笼罩在阴影之下，走不出不幸的命运。

FBI特工帕特·柯比和心理学家鲍勃·雷斯勒曾经对一些连环杀手进行了调查分析，结果发现几乎所有的连环杀手都有一个悲惨的童年，有的在暴虐的父母的打骂中长大，有的从小缺少爱，不得不忍受孤独寂寞，有的从小就生活在恐惧和无助中。

因为童年的遭遇，其内心非常痛苦，且无处发泄。于是，等到他们稍微长大一些，他们会尿床、纵火、虐待小动物，希望以这种方式找到发泄压抑的突破口，宣泄自己的痛苦、恐惧。长大之后，一旦他们承受不了压力，或是被刺激，内心的情绪便会被唤醒，通过寻找和杀害"更大的动物"乃至人，使得情感得到宣泄。

虽然连环杀手都遭受过心理创伤，但是并不意味着有心理创伤一定会成为残暴的连环杀手或是作恶的人。但是从另一方面来说，童年遭受的痛苦，是人心理创伤形成的根本原因。

女孩小樱长得很漂亮，工作能力也很强，自然就有很多追求者。可是，小樱对这些追求者非常冷淡，不管对方条件多好，对她的追求有多热烈，她都一律拒绝。后来，她遇到一个男孩，对她非常好，她也喜欢上了这个男孩，两人相处非常愉快，在别人眼里他们也是很般配的一对。可是，不知为什么，小樱就是不接受男孩的追求。

男孩并没有放弃，坚持追求了她一年多。后来，小樱终于被打动，也敢于承认自己的情感。然而，恋爱的过程中，小樱始终无法接受男孩的亲近，排斥亲吻，排斥拥抱。一次，两人在小樱家看电影，男孩情不自禁地亲吻了她，这一次小樱没有拒绝，这让男孩非常高兴。然而，当他想要与小樱发生进一步的亲密行为时，却被小樱猛地推开。男孩以为小樱只是没有做好准备，但是当他望向小樱时，却发现她的脸上满是慌乱、恐惧。

原来，小樱之所以排斥异性，是因为童年遭受的伤害。她3岁的时候，父亲因为交通意外去世，母亲选择与一个中年男人再婚。可是，这个继父并非良人，在小樱小的时候就虐待她，动不动就打骂她，虽然母亲总是因此与其争吵，但是他的行为并没有收敛。等到小樱11岁时，继父竟然对她有所图，趁着妈妈不在企图侵犯她。好在她拼命反抗，才让自己脱离了魔爪。

后来，母亲得知这件事，愤怒地与继父离婚，带着小樱离开家乡，来到现在这个城市生活。然而，虽然小樱长大了，性格也比之前开朗了，但不幸的经历给她带来了巨大的伤害。她努力把那件事忘掉，似乎也真的忘记了。不过，与异性接触时，她依旧感觉不自在，有着一种莫名的排斥感。当男友与她亲近，想要发生亲密行为时，她潜意识中的恐惧自然而然迸发出来。她表面上忘却了那种恐惧，但是它造成的心理伤害仍潜伏在潜意识中，纠缠着她，影响着她。

可以说，这种心理伤害并没有被她忘记，而是暂时被压抑了，隐藏在潜意识中。只要小樱一接触异性或是遇到类似的情形，它就会再次涌现出来，让其陷入痛苦的回忆中。

那是不是心理创伤无法抹平、痛苦的记忆无法被消除呢？并非如此。心理学家认为，当一个人遭遇心理创伤时通常会有以下三种反应，即压抑、转移和释放。面对伤害和痛苦，我们不愿意接受或是无法承受时，往往会选择把它压制到潜意识中，即把它隐藏起来，好像自己从来没有遭遇伤害一样。

这的确可以让我们获得"平静"，但是其效果是短暂的，而且很可能造成更严重的后果。压抑，并不等于消除。当我们压抑的东西越多、压抑的时间越长，其负面影响也就越大。因为你的意识和潜意识是相互矛盾的，促使你的整个身心都处于一种纠结的状态，一旦遇到刺激爆发出来，足以毁掉自己。

转移也是如此。很多因情而伤的人往往会寄情于工作，废寝忘食地工作，让自己忘记心灵上的疼痛，或是化悲愤为动力，在足球场、跑道上挥洒汗水。这的确可以转移负面情绪，然而却很难转移隐藏在潜意识中的心理创伤。这种转移潜意识中压抑情感、伤害的行为，本质上是一种逃避的行为，只能让我们得到暂时的解脱，无法解决根本问题。

所以，最好的做法是释放，即面对心理创伤，与过去的自己和解，然后通过释放潜意识中被压抑的情感，摆脱过去痛苦的折磨。当然，这里所说的释放，并非任意地发泄，对其听之任之。这样做不仅无法让我们坦然地面对曾经的不幸，摆脱痛苦的纠缠，反而会走向另一个极端——沉浸其中，让事情越来越糟糕。

当我们的人生遭遇不幸，或是被某种心理创伤所控制，需要做的就是认识和了解自己的潜意识，直面曾经受到的伤害，释放压抑的情感。真正做到与过去的自己和解，消除潜意识中的消极因素，才能获得积极正面的心理，迎来美好的人生。

俄狄浦斯情结

俄狄浦斯情结是一种复杂的情绪，即男性对于母亲的依赖，渴望母亲的关注，以及对于父亲怀有的一种隐隐约约的敌意。它是一种男性对养育双亲的爱与恨欲望的心理组织整体，内心深处隐藏着爱与恨及恐惧等矛盾的情绪丛，而一切情绪的积累都源于潜意识。

这种特殊的情结，源于一则古老的希腊神话。在希腊神话中，俄狄浦斯是底比斯国王拉伊俄斯的儿子。拉伊俄斯在向阿波罗神庙请教时得到一则神谕，说他将会被自己的儿子杀死。这让他恐惧万分，于是便命人处死刚刚出生三天的俄狄浦斯。好在执行命令的牧羊人心软，俄狄浦斯才得以活下来，并且被科任托斯国王波里玻斯和妻子墨洛博收养，得以健康长大。

等到他长大后，无意间得知自己并非现在的父母亲生，于是向特尔斐的神庙求助。阿波罗并没有告知他实情，而是残忍地预言说他会"杀父娶母"。俄狄浦斯担心会伤害疼爱自己的养父母，便离开了他们，开始四处流浪。结果，在流浪中，因为一个误会，他真的杀了自己的生父拉伊俄斯。后来，底比斯城门口出现斯芬克斯怪兽，杀害城中居民，当时的执政者克瑞翁只能贴出告示，说谁能除掉斯芬克斯，就能成为底比斯的国王，并迎娶王后伊俄卡斯特。俄狄浦斯凭借智慧，破解了斯芬克斯之谜，成为底比斯的国王，娶了母亲伊俄卡斯特。当时，两人毫不知情。

后来，俄狄浦斯成为一位民众爱戴的国王，但是一段时间之后，这个地区暴发了瘟疫，百姓遭受了巨大的灾难。俄狄浦斯便派克瑞翁去神庙求助，得到的神谕是——必须驱逐杀了前国王的罪孽之徒，灾难才会平息。之后，俄狄浦斯开始追查凶手，却从占卜者口中得知自己就是凶手，并由此知道了自己的身世。得知真相后，俄狄浦斯万分绝望，刺瞎了自己的眼睛，开始自我放逐，而伊俄卡斯特也羞愧得自尽而亡。

虽然俄狄浦斯并非有意"杀父娶母"，但是终究无法违背神的意愿，由此，俄狄浦斯成为"恋母情结"的代名词。而从心理学来说，恋母情结是一种儿童早期的心理情结，不管男孩还是女孩，都有一种对母亲的依赖，渴望母亲的身体，渴望母亲的关注、疼爱，而无意地疏远父亲，与父亲抢夺母亲的爱。只是随着年龄的增长、心理的成熟，孩子会主动修正这种情绪和心理。

然而，一些男性因为童年的特殊经历，比如父亲缺席、性格暴躁，不仅无法摆脱对母亲的依赖，反而会对母亲的依恋越来越强。李谦是一位30岁出头的男性，事业有所发展，长得也算帅气，但是他没有结婚的打算，甚至只谈过一次没有结果的恋爱。朋友关心他的状况，而他则明确表态："我奉行不婚主义，这辈子只和母亲过就好了。"至于那次无疾而终的恋爱，也是因为他很少顾及女友而分手——下班、周末都很少约会，因为要回家照顾母亲；聊天谈话也是三句不离母亲。

其实，李谦有典型的恋母情结，这缘于他童年的不幸经历。5岁时，父亲因交通意外去世，留下他、母亲与两个姐姐。父亲在世时，也不疼爱他们，时常喝酒，朝他们发脾气。这导致姐弟三人都很怕父亲，也比较怨恨父亲。

父亲去世后，一家人的生活本就很艰难，奶奶和叔叔不仅不帮衬他们，反而打起他们房子的主意，说他们有权分走父亲的一部分遗产。那段时间，母亲每天以泪洗面，但是仍无微不至地照顾他们，从来不让他们受委屈。为了让一家人不至于无家可归，母亲四处借钱，给了奶奶和叔叔一笔钱，这才让他们罢休。之后，母亲拼命打工，大姐也早早辍学打工，这才让一家人的生活好过一些，让李谦和二姐上了大学，找到不错的工作。

李谦之所以产生恋母情结，是因为他从小缺少父亲的关爱，不受父亲与父亲这边亲人的重视，受到奶奶和叔叔的排挤、伤害。关于父亲的记忆，大部分是糟糕的，是被抛弃的、冷漠的、贬低的、低价值的；而关于母亲的记忆，大部分是母亲对自己的爱，母亲的辛苦、隐忍与伟大。同时，因为家庭的不幸，他的潜意识中对亲密关系、家庭关系产生排斥、怀疑，所以没有结婚的渴望，没有建立良好亲密关系的愿望与信心。

另外，我们需要注意，恋母情结中的父母可能不是生理意义上的父母，而是心理意象，即潜意识加工后保存的一种形象。很多男性有俄狄浦斯情结，是因为在其成长过程中，从小就过于依赖母亲——母亲特别溺爱孩子，在他该独立的年龄却没有放手，在生活、精神上过度干预与控制；或是处于特殊的家庭环境——父母关系处于男弱女强状态，母亲非常强势，父亲比较软弱，父子关系紧张。

我们时常提到的"妈宝男"，便有这样的情结。他们不仅表现出精神上对母亲的依赖，更表现出生活、经济等方面的依赖，犹如没有长大的孩子一般。这正是因为父母关系不和谐，父亲时常缺席，或是父母离异，母亲独自一人把孩子养大，并将自己的情感都投射给孩子，进而导致孩子的言行、心理都受到很大的影响。

一见钟情：匹配潜意识特征

一见钟情，是爱情电影中常见的浪漫桥段，也让很多女孩为之神往，希望也能遇到令自己一见钟情的人，看一眼便产生"来电"的感觉，被对方的颜值、气质吸引，情不自禁地与对方亲近，明显感觉到自己的心跳。

那么，一见钟情是空穴来风吗？一个人会对很多人一见钟情吗？当然不是这样。人之所以会对异性一见钟情，会不自觉地爱上他，沉迷于其举手投足之间，是因为潜意识的控制与影响。一见钟情的本质，就是匹配潜意识特征。

说白了，并不存在什么一见钟情，而是你早已刻画好了钟情的异性的形象。只要在特定的环境，你遇到具备这样形象特征的人，便会不自觉地爱上对方，产生一见钟情的感觉。在心理学上，这便是所谓的"爱之图"。

不管是男性还是女性，人们早已把理想的爱人形象储存于大脑中，这个形象包含身高、体形、眼神、发色、发型、性格、气质以及职业等信息。当我们遇到与之匹配的异性，眼睛就会迅速地把信息传递给大脑，促使大脑产生大量的爱情激素。这个异性与我们大脑中储存的形象越接近，爱情激素分泌得越多，自然地越容易产生一见钟情的感觉。

当然，"爱之图"并不是凭空想象的，它可能源于父母，或是父母早期的勾画。比如，很多人一见钟情的对象与父母的形象非常相似，可能与性格、气质有关，也可能与其职业有关。母亲是温柔的女性，说话轻柔，是典型的南方温婉的小女人形象，儿子的"爱之图"便可能是这样的形象。

对于此，弗洛伊德的经典精神分析理论给出解释。他认为在男孩和女孩3～6岁的时候会分别出现恋母和恋父情结，对同性别的价值产生一种矛盾的情绪，既想反抗他们，得到母亲或父亲的爱，又因为年龄幼小而不敢反抗。因为这样，孩子会将恋母和恋父情结转化为对父母行为的学习和模仿，长大后，他们便非常容易对有着母亲或父亲模样的异性一见钟情。

拿破仑爱上约瑟芬，是因为约瑟芬和他的母亲非常像。1796年年初，27岁的拿破仑在巴黎邂逅了约瑟芬，并且深深地爱上了她。之后，拿破仑一改往日的沉默寡言，对约瑟芬的爱恋达到发狂的地步，一心想要和约瑟芬厮守终身。只是三个月时间，拿破仑便与约瑟芬结婚，婚后不过48小时，拿破仑便开始远征，其间他每天都趴在战壕里给约瑟芬写信："你使我整个身心都注满了对你的爱，这种爱夺去了我的理智——我会离开军队，奔回巴黎，拜倒在你的脚下。""我没有一刻不在注视着你的照片，没有一刻不在你的照片上印满我的吻。"后来，因为约瑟芬背叛了拿破仑，有了外遇，拿破仑这才心灰意冷，结束了与约瑟芬的爱情。

父母在一个人小时候有意无意的暗示，也会促使其勾画出大脑中的那个形象。比如，父母总是说这样的话——成熟稳重的人更值得信赖，这个人便容易对类似的人一见钟情。

"爱之图"也可能源于一个人的生活经历，尤其是童年、少年时期遇到的某个重要人物，比如救过自己的警察、喜欢的一位老师，或是对自己特别好的邻居大哥哥。人们会把这个人物或形象记在心中，储存在大脑里，经过一番修正，形成理想的恋爱对象的形象。遇到异性后，视觉、听觉、嗅觉等感知觉会捕捉异性的特征，并且在大脑中快速整合加工，发现其与之形象相似或匹配的异性后，爱情激素便会分泌。而且，异性与"爱之图"越匹配，爱情激情分泌越多、越快速，更会让我们产生呼吸急促、脸红心跳的感觉，陷入恋爱之中。

女孩在街道上邂逅了一位指挥交通的警察，这位警察不算特别帅，但是因为长时间风吹日晒，皮肤有些黝黑。女孩就是对他一见钟情，一看到他就心跳加速，手心直冒汗。之后，女孩对他展开热烈的追求，每天绕远路，特意经过这个路口，为的是见他一面，与他打招呼。她会偶尔给他送水、送伞，到交警大队找他，向他表白……

女孩之所以对这位交通警察一见钟情，是因为他与她大脑中"爱之图"的形象非常吻合。她之所以勾画出这样的形象，与她6岁的一次经历有很大的关系。当时女孩的妈妈骑车送她上学，却被一辆闯红灯的汽车撞倒，女孩妈妈摔倒，她也受了伤，手和脚流了不少血。

妈妈吓坏了，抱起她一边安慰，一边哭喊着让人打120。正当女孩因为害怕和疼痛而大哭时，一位年轻的交通警察跑了过来，帮助妈妈安抚女孩，还把她抱上救护车。迷迷糊糊间，女孩看到这个交通警察脸色黝黑，虽然一脸严肃，但是眼里满是对她的心疼和担心，语气温柔地鼓励她："坚持一会儿，马上就到医院了……"

这之后，女孩便对警察有了莫名的好感。当这个交通警察的身高、体形、长相，尤其是严肃中带着温柔与自己心中的形象契合之后，她的大脑中便产生了大量的爱情激素，有了一见钟情的感觉。

是的！这真的很神奇！就算我们找不到与潜意识中的形象相吻合的异性，也会被有着类似特征的异性吸引，然后一见钟情。所以，对于这些人来说，颜值、外在条件都不是很重要，只要这个人符合潜意识中的那个形象，便有可能一见钟情。如此一来，这也就解释了为什么一些人喜欢有胡子的异性，一些人会爱上比自己年纪大的异性，一些人偏爱比较有文化气质的人。

简言之，一见钟情是源于爱情激素的刺激，但更重要的是，它取决于我们大脑中那个隐藏的形象具备的某些特征。潜意识中先有了一个理想的"模板"，然后才产生一见钟情的感觉。同时，我们在寻找爱人的过程中，潜意识会引导我们寻找与"爱之图"最符合的异性，把他变成生命中的另一半。

墨菲定律：潜意识听不懂"不"

生活中，你是否注意到这样的现象时有发生：

当你渴望成功时，成功往往来得很晚；当你害怕失败时，却总是无法逃避失败的纠缠。

你越是害怕在某些场合出丑，结果越会出丑。比如，你想在心仪的女生面前展现良好的形象，偏偏不小心踩空台阶，差点儿摔个跟头。你祈祷女生不要回头，她偏偏就在此时回头了，看到你的窘态。

你在家里等快递小哥儿上门，可左等右等，他都没有到。你刚刚出门办事，电话就响起来了——快递到了，家里没人。

一块涂了果酱的面包掉了，你在心中说"千万不要是抹了果酱的那个面朝下"，结果得到一个最坏结果。

……

这就是墨菲定律：越害怕的事情，越会发生。这是个可怕的小概率问题，同时也是潜意识的问题。人的意识总是习惯性地想到一个最坏的结果，于是意识影响了潜意识，潜意识又反过来影响了意识，坏的事情便"如我们所愿"地发生了。

墨菲定律是心理学的几大经典定律之一，是美国一名叫爱德华·墨菲的工程师发现的。1949年，墨菲参加美国空军进行的MX981实验，目的是测定人类对加速度的承受极限。其中一个实验项目是把16个火箭加速度计悬空装置放在受试者上方，当时有两种方法可以将它固定在支架上。但是，一名同事竟然"不慌不忙"地把16个加速度计全部装在错误的位置。

于是，墨菲得出这样的结论：事情如果有变坏的可能，不管这种可能性有多小，它总会发生，并引起最大可能的损失。后来，在一次记者招待会上，斯塔普将其称为"墨菲法则"，并用简单的方式阐述：凡是认为可能出岔子，就一定会出岔子，即越害怕发生的事情就越会发生。

墨菲定律之所以总会出现，其中一个重要原因是注意力的影响。因为人们通常会把注意力集中在大概率事件上，忽略小概率事件。小概率事件，虽然很少发生，但都是一种偶然中的必然性。

比如我们拿到一笔奖金，想要把它存入银行，担心被偷，便小心地装进皮包，每隔一段时间会用手摸兜，查看钱是不是还在。因为我们的规律性动作反而引起小偷的注意，结果导致钱被偷走。即便没有被小偷偷走，因为总是打开皮包，看来看去，也可能丢失。这也说明了越害怕发生的事情就越会发生的原因。因为对于坏的事，我们害怕发生，而因为害怕，所以会非常在意，注意力越集中，就越容易犯错。

还有一个更重要的原因，那就是消极的心理暗示。当我们情绪消极时，会给予自己消极的心理暗示，进而会给内心带来巨大的压力。压力大了，我们便很难保持良好的状态，就会把事情做得更糟。比如，绝大部分人害怕失败，渴望所做的事有一个好的结果。越是关键时刻，这种渴望与恐惧越强烈，而这也引发了我们的焦虑。越惧怕失败，内心就越焦虑，精神就越高度紧张，不断告诉自己："千万不要失败，千万不要失败。"

暗示确实可以起到作用，但是在高度紧张与焦虑的情况下，人往往会失去价值判断与选择，脑袋里只出现"失败""失败"等词语。结果，这变成了消极暗示，也直接影响我们的潜意识与注意力。

可以说，潜意识听不懂"不"。我们明明反复告诉自己"不要失误""不要失败"，结果大脑中反而不断出现"失误""失败"的画面。在潜意识的控制下，我们的行为出现偏差，结果就怕什么来什么。

下面这个事例足以说明这一点：有一个著名的杂技表演家族，被人称为"飞人瓦伦达"家族。这个家族出了很多杰出的杂技表演家，在当时有很高的名气，其中第五代钢索表演艺术家卡尔·瓦伦达更是声名远扬，多次完成高难度的挑战。在他的表演生涯中，从来没有出现一次失误，所以他被邀请为一些非常重要的客人表演。

一次，卡尔·瓦伦达前往波多黎各为一些社会名流表演，还将面对无数电视机前的观众。他非常重视这次演出，也很紧张，前几天一直反复琢磨每一个动作、每一个细节，以避免出现失误。表演开始了，他决定不用保险绳。但恰是这一次，意外发生了。当他刚刚走到钢索中间，只做了两个低难度的动作，就因身体失衡从10米高的空中摔下来，意外丧生。

为什么表演经验丰富、从来没有失败的瓦伦达会失败？是因为他太惧怕失败了，出场前不断地给自己消极暗示："这次表演太重要了，不能失败，不能失败。"同时，他因为担心失败而焦虑，注意力很难集中在表演上，而之前的每次表演，他只是想着走好钢丝，不管其他事。

因此，很多时候，我们遇到坏事并非运气不好，而是潜意识控制了我们的关注点，影响了我们的情绪与心理状态以及行为结果。这就告诉我们，不管什么时候，都应该把注意力放在事件本身，而不是所谓的结果上。虽然任何事情都是未知的，没有行动前，谁也不能保证结果就是好的。但是过度关注结果，总担心事情会往坏的方向发展，那么它终究会到来。

我们还需要对结果有好的期待，不去想"万一结果不好怎么办"，更不要给自己消极暗示，而是从反方向激励自己，把"不要失误"换成"展现出自己的最佳状态"，把"不要失败"换成"一定能成功"。这样一来，潜意识便会接收相应的信息，给予积极正向的引导与干预，促使事情朝着好的方向发展。

错觉：幸存者偏差

什么是幸存者偏差？

简单来说，就是人们往往给成功者戴上光环，认为他们的行为导致了他们的成功。事实上，他们的做法可能是错误的，只是因为他们幸运地成功了，所以让人们产生错误的感觉，得出错误的结论——他们之所以成功，是因为有了这样的行为。

二战期间，美国哥伦比亚大学统计学专业亚伯拉罕·沃德教授接受美国海军的任务，对受损的战斗机进行分析，并针对如何加强防护才能降低被炮火击落的概率这个问题给出专业建议。经过分析和研究，沃德教授发现幸存的战斗机中，机翼是整个飞机中最容易遭受攻击的位置，而发动机是最少被攻击的位置。于是，他给出自己的建议：强化机身的防护，以确保发动机的安全。但是，这一建议被美军否定，他们认为应该加强对机翼的防护，因为这是最容易被击中的位置。

沃德教授坚持认为应该加强对机身的防护，并且给出自己的依据：一是本次统计的样本只包括平安返回的战斗机，并不包括被击落的战斗机；机翼被多次击中，战斗机还可以安全返航，说明它即便被击中也不会导致坠机；机身弹孔较少不是因为不易被击中，而是因为一旦被击中，战斗机安全返航并生还的可能性就微乎其微。仅有的几架返航的战斗机，还是因为发动机没有被击中，否则也难逃坠毁的命运。

听了沃德教授的分析，美军立即采取其建议，结果也证实该决策是正确的。正因如此，人们提出了幸存者偏差理论。

可以说，之所以出现幸存者偏差现象，是因为人们分析数据时往往只留意幸存者的某些特质，而没有幸存下来的人身上的数据根本没有人分析，甚至连留下的机会都没有。同样，人们总是把目光投向那些成功者身上，这才让其行为、某个特质更突出。但是实际上，这些人之所以成功并非因为这个行为与特质，其行为与特质也不能代表是所有成功者所必需的。

举个例子，很多人说"读书没用，很多商界大佬没有上大学"，而且还举出比尔·盖茨、乔布斯、巴菲特等例子。然而实际情况是，比尔·盖茨辍学，前提是他能进入哈佛大学，而且在之后并没有忽视学习。同时，他的母亲玛丽·盖茨，先后成为华盛顿大学的董事、某银行的董事、国际联合劝募协会的主席，是一个美丽、智慧、有手腕的女性；父亲也不差，是一位优秀的律师。他接受的教育、见识、头脑都是出色的，且很早对计算机有兴趣，还有这方面的天赋。这些人只看到比尔·盖茨辍学，却不知道比尔·盖茨辍学是因为他抓住了巨大的机遇，拥有巨大的资本走了一条不同寻常的路，而产生"辍学是成功的条件"这一错觉与结论。

我们需要认识到，一个成功者是因为受到人们的关注，他们身上的标签也会凸显出来。然而，一个人的标签并非他成功的唯一条件，也不能代表这个标签下的所有人。就是说，同样辍学的你，是否也同样开启成功的人生，获得出色的成绩？答案是否定的。很多大学毕业生尚不能找到满意的工作，没有接受高等教育的人怎么能呢？而且，现实生活中的绝大部分成功者出身名校，具有海外留学经历，如马化腾、李彦宏、张朝阳、沈南鹏、张欣等。

关于幸存者偏差的例子还有很多，充斥在我们日常生活的方方面面。因为我们更容易看到成功，看不到失败，所以潜意识中便提高了对成功的估计，认为自己只要如何就会成功。殊不知幸存者背后有多少个不被关注、分析的失败者。于是，当这些人听了一些人说"打工不如创业，自己当老板便可以走上人生巅峰"时，便好像打了鸡血一般毅然辞职，开始创业；看到直播带货赶上好风口，一批批网红主播分得巨大红利，便开始投身其中，结果因为不了解创业的艰辛及所需的见识、头脑与努力，没有认识到网红主播所面临的高强度工作以及行业内幕，接收到的全部是幸存者偏差带来的印象，最后还没有开始便迷失方向，遭受失败的打击。

那么，如何避免幸存者偏差呢？其实很简单，我们只需做到两点：一是不把关注点集中在那些奇迹创造者身上。虽然他们能给我们以激励、经验，但是他们的成功是小概率事件，其身上的某些特征并非所有人身上都具有的；二是不带有结果偏见，即只看到一个人成功了，就认为他所有的行为都是正确的，所有的话都是有道理的。这种思维是非理性的，可能导致我们因为相信了错误的"因"，导致错误的"果"。

人人都喜欢与自己相似的人

人们常说"物以类聚，人以群分"，绝大部分人更喜欢并容易与生活环境、性格特点、个人兴趣、理想追求等方面相似的人接触，并产生好感。而且，相似点越多，越容易产生亲近关系。相反，如果一个人和自己的相似点少，或是没有相似点，那么就很难愿意与其接触、亲近，甚至还会不自觉地疏远和排斥。

这是因为，与自己相似的人接触，更容易找到话题，减少因观点、观念、价值观不同而产生的冲突和矛盾，进而产生一种共鸣。更重要的是，人都需要自重感，渴望被认同和尊重。弗洛伊德说："人一生最大的需求只有两个，一个是性需求，一个是被当成重要人物看待的自重感需求。"这种需求得到满足，人就会产生安慰感与满足感。相反，若是这种需求得不到满足，人就会失望与茫然。所以，与其说人喜欢与自己相似的人，不如说人更喜欢自己，认为自己最重要。

秦安是一家人力资源公司的猎头，平日里多与各行业精英接触，明白这些行业精英根本不缺工作机会，自己想要博得他们的注意并愿意相信自己，就必须掌握人际交往的技巧。他知道每个人都渴望被认同和尊重，这是所有人的共同需求。因此，让他人的自重感得到极大满足，对方便更愿意把他看作"自己人"，进而愿意与之亲近并给予信

177

任。为此，每次与这些人接触前，他都尽力收集有关客户的信息，不仅仅是工作上的表现，还包括生活环境、学习经历、工作经历、性格、爱好、习惯、兴趣等，然后寻求自己与对方的相似点。

一次，秦安准备接触一位行业"大佬"，他是某企业的技术总监，正好符合客户企业技术合伙人的要求。于是，秦安想办法收集到对方的详细信息。经过详细了解，他发现自己与对方有相似之处——年少时经历坎坷，父母离异，自己被爷爷奶奶养大；大学期间，一边学习一边打工，生活清贫；从小职员做起，好在有天赋、有努力，才做出成绩。

秦安觉得自己成功的概率很大，便找机会拜访了这位技术总监。一开始，对方态度非常冷淡，表示自己并没有换工作的打算。秦安说："我们是最有实力的猎头公司，可以为你做更合理的职业规划，使你的事业更上一个台阶。"然而，对方依旧态度敷衍，只是附和一句就委婉地下了逐客令。

秦安并没有放弃，转而谈起对方的经历，慢慢地，对方的交谈兴趣被打开。在交谈的过程中，秦安"无意"间透露自己与对方的相似点，这下对方立即来了精神，两人相谈甚欢、惺惺相惜。直到离开前，秦安都没有再提工作的事情，而对方却明确表示："你的意见，我会考虑，我们再约时间见面吧！"

几天后，秦安被这位总监邀请到咖啡厅见面，说想要了解那家企业的具体情况，若是发展前景更好，便可以接受秦安的推荐。再后来，秦安为对方做了详细的职业前景分析和规划，详细分析了那家企业的发展前景，最后还引荐双方见了面。双方见面后，这位总监便确定了自己的意愿——加入其公司，成为技术合伙人。这是因为双方在价值观、行业发展预测以及理想方面有很多契合之处。

再后来，秦安与这位总监成为好朋友。一次交谈时，对方笑着说："你知道我当初为什么改变态度，愿意与你交谈吗？"随后，没等秦安回答，他继续说："因为我从你身上看到了曾经的自己。你与我有很多相似点，一样的苦，一样的拼，又一样的年少无畏。相信你当初也是意识到这一点了吧！"

秦安笑了笑，没有说话。随后，两人对视了一下，都哈哈大笑起来。

其实，塑造相似性，在人际交往中很常见，也是一些情商高者善用的技巧。这看似投其所好，但本质上是满足了他人的自重感。看重自己，喜欢自己，是一种本能，渴望被认同和尊重，是对自己的认可和热爱。因为潜意识中存在这种本能与需求，所以当看到别人与自己有相似点时，听到别人谈论自己喜欢、感兴趣的话题时，他便会消除戒备、排斥的消极情绪，转而产生愉悦的积极情绪。

所以，在人际交往中，我们可以利用这一点获得他人的认同，建立良好的人际关系。当我们塑造了与他人的相似性，对方就会"爱屋及乌"，更愿意亲近与认同我们。当然，这不是让我们去钻营、奉承，更不是无中生有地迎合别人。因为如果为了实现自己的目的，便刻意伪装自己与对方有相同的兴趣爱好、追求或观点，那只会骗得了一时，无法真正使两人契合。比如，你为了拉近与对方的关系，假装是人家校友，那么谈到细节时难免露馅，导致张冠李戴或是错漏百出。这时候，后果往往很严重，使自己成为不值得信任的人。

另外，因为人更喜欢与自己相似的人交往，还会自然地把自己划入某个群体，无意识地融入这个群体。因为人都渴望安全感和归属感，当他融入一个与自己属性相同的群体，与群体成员产生某种联系后，内心便得到满足与充实，不必担心自己与他人不一样，不必担心自己被否定、排斥、质疑。

所以，我们与人交往时，通常会下意识地寻找彼此的相似点、共同点，而不是寻找差异、矛盾。人们渴望归属感，本质上也是渴望作为真实的自己受到肯定和重视，它是自我身份认同的重要支柱。

因为潜意识中的归属感，我们对待内群体（置身某一群体）与外群体（与自己所置身的群体对立的另一群体）的态度是截然相反的。当我们拥有某个群体的归属感后，不需要与其他成员共享任何观点，甚至不需要见面，就能产生亲近感与认同感。

第八章 <<<

发掘潜意识，以积极的方式改变它

　　人的一切潜意识活动都是大脑波处于α波形时人的行为表现出来的状态，所以，人可以通过一系列活动刺激大脑，促使大脑的运动状态发生变化，进而发掘、开发与改造潜意识。当潜意识活跃起来，就会瞬间创造巨大的潜能，让我们产生不可估量的巨大力量。

镜子技巧：潜意识开发和训练

很多人相信这样一个说法：人们看到镜子中的自己要比真实的自己更漂亮，因为镜子中的自己是经过脑补与想象的。潜意识中，我们都希望自己变得漂亮，眼睛大一些，皮肤白一些，笑得美一些，于是这些信息被大脑感知，形成一种"脑补"的图像。

之所以这样，是因为镜子有魔法吗？其实，这源于一种曝光效应，即指人们会单纯因为自己熟悉某个事物而产生好感。在无意识状态下，人们都在收集与寻找自己的身影，而接受的反馈越多，就越容易对自己——镜子中的自己产生好感。就像我们与朋友一起照相，总是觉得自己更上镜一样。

也因为这样，很多人利用这个效应进行自我激励，提升自信，帮助自己克服紧张、胆怯等消极情绪。

李妍有轻微的社恐，确切地说，是害怕与陌生人打交道。从小到大，她都消极地回避与人交往，宁愿一个人看书，也不参与同学们的聊天讨论，每次回答问题或者与同学交谈前都会做几次心理建设。后来，她进入职场也不愿意应酬交际，但是她也明白，如果自己不改变就会失去工作。

接下来的时间，她开始反思自己的问题，决定采取一些针对性的措施"治愈"自己的社恐。首先，她开始改变自己的心态，不再逃避与人社交，并且学着与人打交道。接下来，她每天都对着镜子说话，想象是与朋友、亲人说话，如："你可以与别人交朋友！""你今天看起来很棒！""要笑，这会让你有好运的"……

她随时带着小镜子，紧张、害怕时便到没有人注意的地方，暗暗地鼓励镜子中的自己……慢慢地，她有了改变，建立了一定的信心，对社交也不再那么恐惧。

通过镜子观察自己，我们所看到的形象与真实的、别人眼中的形象有一定的偏差。我们会放大自己在镜子中的形象，而这种积极的形象通过眼睛传输给大脑，形成积极的图像与记忆，进而影响我们的认知、思维与行为，让我们更相信自己，更愿意做想做的事情。同时，潜意识也给予我们积极影响，促使事情的成功率有所提升。

所以，如果我们想要改变消极的自己，可以每天照着镜子改变。当我们练习微笑，给自己加油鼓劲，或是说出内心的期待，便可以把积极的情绪能量传达给潜意识，进而影响自己。同时，利用镜子，我们不仅可以自我激励，还可以激发自身隐藏的潜能。

很久之前，美国心理学家布里斯托总结了一套方法，即人笔直地站立在镜子面前，镜子不需要太大，只要能让自己看到上半身就可以了。然后昂首、挺胸、收腹，做几次深呼吸，直视自己的眼睛，告诉自己可以得到自己想要的东西，并大声说出这个东西的名字。

这是一种有效的方式，每天早晚至少做两次，就可以激发自身的潜在能量。当然，我们还可以增加一些内容，比如赞美自己的话，喊一些令人振奋的口号，或是在镜子上写一句格言，每天都大声念几遍，自信与信念便会增强，在之后的行动中发挥作用。

镜子技巧在许多方面的运用取得了令人满意的效果。比如，你走路姿势不好看，那么就在镜子面前练习，向镜子展示你希望别人看到的模样，一段时间后将有神奇的效果；如果你情绪低落，那么就在镜子面前练习笑，可以微笑，也可以放声大笑，用不了多长时间，消极情绪便会被积极情绪驱散，让你发自内心地笑；如果你要见一位非常重要的客人，紧张得手心冒汗，那么不妨运用镜子技巧——挺胸、抬头、深呼吸，然后对自己说"我可以应对自如"，结果镜子便可以让你看到一个强大的自己。

可以说，镜子技巧真的很神奇，可以放大我们的形象，开发和发掘出潜意识中那个超级自信的自己。如果你需要，那就试试吧！

挖掘潜意识中的消极成分

潜意识就像一把双刃剑，当人接受了消极的潜意识，潜意识便反过来跳过意识直接控制人的思维和行为方式，让其不知不觉地把消极想法变成现实。生活中，很多人无法摆脱挫折、失败、痛苦，时常处于恐惧、迷茫、焦虑、无助中，大多数是因为缺乏对潜意识的发掘，没有意识到自己本应积极、成功、向上、快乐。

所以，我们需要正确地认识潜意识，挖掘并消除潜意识基础层面的消极成分，进一步开发内心积极的能量，促使自己得到正确的引导与积极的影响。

事实上，人的潜意识包括感受，如喜悦、兴奋、着迷、愤怒、恐惧、忧伤等；观点，如信念、想法、价值观等；期待，对自己的期待，对别人的期待，以及来自他人的期待等；渴望，如被爱、被认可、被接纳、自由等。这些潜意识中包含许多消极成分，如愤怒、恐惧、不良想法、错误的价值观、对自己没有信心、自我价值感低等。如果不能消除这些消极成分，那么它们便会长期操纵我们的行为，导致生活失去光彩，自身失去成功的可能性。

柏拉图很早就意识到人的心理具有典型的两面性：一方面是积极的，另一方面是消极的。他说："什么是潜意识呢？就好比在一驾马车上有两匹马，一匹是经过驯化的，具有良好的德行与自我认知，有着很好的目标与使命感。如果只有它的存在，我们的生活自然是美好的，然而不幸的是，有另一匹马的存在，我们这种愿望的实现常常被破坏。这匹马是阴暗的、焦虑的，很难被驾驭。虽然我们会拒绝它，不愿意它进入我们的生活，然而它还是存在的。因为它的存在，我们往往变得消极、恐惧，甚至充满仇恨。"

之后，弗洛伊德做了进一步解释，他认为心理创伤、恐惧、压抑、心理冲突，尤其是性冲突，构成潜意识的主体。如果一个人被这些消极成分控制，那么生活将难以想象。所以，他警告人们："我们必须学会改变自己，否则可能一辈子都生活在火山口，说不定什么时候，它们就会以一种意想不到的方式爆发，影响我们。只要真正认识和了解它，我们才能强大。"他还认为我们身上有一种积极的成分，必须学会用正确的方式把它们引导出来，进而改变自己与自己的生活。

有一位天才歌唱家叫米莲妮，她的嗓音非常棒，获得无数人的欣赏与追捧。然而，自从她接连三次在某个导演面前试唱失败后，她就变得越来越恐惧唱歌，每次站在舞台上演出都焦虑不安，担心自己会出错。这种恐惧支配着她，让她失去平时的水准，并且时常出错。

在一次次的失败后，米莲妮对自己越来越怀疑，心中在想："我试唱时，总是唱得一塌糊涂。我不能入戏，导演不喜欢我。所有人一定都在想，她这样的表现怎么好意思在这丢人现眼？"因为潜意识出了问题，所以最后她失败了，灰溜溜地离开。而且，在之后的演出中，她也不能有出色的表现。

潜意识中的消极成分具有非常大的摧毁力量。如果米莲妮想要成功，就必须正确认识潜意识中的恐惧、自我怀疑，然后消除恐惧与自我怀疑，进而释放内心巨大的积极能量。如何去做呢？首先是预防，不断地反省自己，发掘其中存在的消除成分。只有正确发掘潜意识，才具备抵消它的力量。其次，是用积极的潜意识纠正消极的潜意识，不断给自己积极的暗示，让积极的信息在大脑中积蓄、储存，便可以把消极的潜意识驱除出大脑。

米莲妮也运用了这样的方法。首先，她意识到自己的潜意识中存在恐惧、自我怀疑，于是决定改变。她每天置身于一间安静的房间里，坐在舒服的椅子上，闭上眼睛，放松身体，然后对自己说："我叫米莲妮，我的歌声优美而动听，我的仪态优雅而自信，我的心智机智又冷静。"每天早上、中午、睡前，她都会做这样的事情，每次说5遍上面的话……一段时间后，她成功了，驱除了潜意识中的恐惧与自我怀疑，重新恢复自信与勇气。

所以说，挖掘潜意识中的消极成分是非常重要的，否则我们无法意识到自己焦虑、恐惧、无助的原因，无法真正认识自己的内心，自然无法运用潜意识的力量实现一切积极的目标。

简言之，潜意识中存在很多消极成分，它是灰暗的、压抑的，给我们带来痛苦、挫折、创伤。但意识是可以被改变的，只要我们能意识到它的存在，并且做出努力，战胜潜意识中的消极能量，用一种积极成分取而代之，结果便截然不同。

不乱想，而是训练有素地想象

人们常说，因为思考，才会想象；因为想象，才会实践和创造。想象，对于人来说是非常重要的。超强的想象力，对于发掘与提升人的创造力、思维力等方面的潜能也具有非常大的帮助。

无论在学习还是工作中，想象力都可以让我们持续地产生创意，想到别人想不到的，做到别人做不到的。它还能提升我们思考问题的深度和广度，摆脱自我设限与约束，不断地突破自己。科学技术之所以日新月异，人们之所以随时都在颠覆现有的东西，创造出新的东西，就是因为有丰富的想象力。因为敢想，敢天马行空，所以电脑变得越来越小，没有了键盘，还可以用手触碰屏幕；人类也实现了"奔月"，发射了卫星，进入了太空。

同样，想象可以激发人其他方面的潜能，完成大脑认为不可能完成的事。心理学家凡戴尔做过这样一个实验：一个人每天坐在靶子前面想象自己投靶，经过一段时间，这个人的投靶准确率真的提升了。之后又有心理学家进行实验，证明这种心理练习对于投篮技巧的提升也有很大的帮助。心理学家做了这样的实验：招来一些学生作为志愿者，并且把他们分为三组。他让第一组学生每天练习投篮20分钟，坚持20天，然后把第一天和最后一天的成绩记录下来；让第二组学生不做任何练习，也记录下第一天和最后一天的成绩；让第三组学生每天花20分钟进行想象性的投篮，如果投不中，便在想象中纠正、完善，同样记录第一天和最后一天的成绩。

实验结果显示：第一组学生的进球率提升24%，第二组学生没有一点儿进步，第三组学生的进球率提升23%。于是，心理学家得出结论：心理练习与实际练习同样可以提升进球率，能帮助我们完善自己的行为，提升能力。

就是说，不断对想象力、思维力进行有意识的练习、提升，对于潜能、潜意识的开发与增强是有益的。因为意识被逐渐提升与培养后，人们就能在某方面获得相应的技能，进而形成一种潜意识。如我们之前所说，人掌握某种技能，且够专业，有足够丰富的经验，凭借技能直觉便可以做出精准判断。围棋高手，在对弈过程中凭借对方下的一枚棋子就能对整个棋局形势一目了然；专业的维修师傅凭感觉就能分辨机器是否出了问题，问题出在哪里。

当然，超强的想象力并不是天生就有的，它要靠后天的开发才能展现出来。现在，很多父母重视孩子想象力的培养，保护孩子的想象力，因为儿童时期是开发和提升孩子想象力的最佳时机。对于大人来说，虽然可能错过了这个时期，但是做到以下几点，便可以让自己满怀激情地想象。

第一，训练联想的能力。

我们可以采取一些有效的方法，训练自己联想的能力。比如，运用相似联想的方式，即寻找事物之间的相似性，利用类比思维进行联想；运用对比联想的方式，即从相对的事物入手联想，比如从大地想到天空，从高山想到海洋；运用逻辑联想的方式，即从因联想到果，从正联想到反。

通过联想练习，可以让我们发散思维，突破思维的限制与约束，进而让行为有无限的可能性。

第二，对事物保持好奇心，善于提问。

想象力是由好奇心引发的。保持好奇心，渴望了解这个事物是什么，为什么是这样，这件事为什么发生，发生之后会有怎样的影响……这样一来，我们才去学习、想象、解决问题，不仅引发强大的想象，还能驱使自己不断探索。

第三，善于"脑补"，提升自己的图像化思维。

图像化思维就是对看到的、听到的在大脑里进行脑补，把信息转化为图像和动画场景。比如，看小说时，脑补出人物的具体形象、声音、一颦一笑，脑补出场景、事件的细节，或是把自己想象成主人公，经历他经历的事，感受他的情绪与情感。

当然，想要提升图像化思维，我们需要多看一些天马行空的科幻小说，边看边想，提升自己的想象空间。

第四，丰富知识，提升见识。

丰富的想象力建立在丰富的知识储备和广阔的见识上。如果你知识匮乏，没见识过外面的世界，也没有什么阅历，就算再冥思苦想，恐怕也很难有丰富的想象力，大脑还可能一片空白。比如，你没有宇宙、太空的概念，又怎能发挥想象力，把它想象得美妙神奇？

所以，想要提升想象力，我们必须多看书，多看看世界，体验不一样的生活。

强化意志的力量

意志力能转化为潜能。只要有强大的意志力，人就可以突破体力极限，战胜前进道路上的一切阻隔。比如，一个马拉松选手能否坚持到最后，始终处于领先位置，要看其体力、耐力大小，更要看意志力强弱。他们在精疲力竭时，有挑战自我、突破自我的决心，才会一直奔跑；在看不到终点时，有强大意志力的支撑，才不会在中途选择放弃。这是突破体力的极限，更是突破心理的极限。他们内心有一种强大的推动力，所以会不断给自己一种积极的、强烈的暗示。

其实，强者与弱者、成功者与失败者之间，最大的差异就是前者有强大的意志力，能不断地给自己一种强大的推力。你能想象一个左腿有残疾的女孩成为奥运冠军吗？恐怕很多人对此产生质疑，因为在平常人看来，腿有残疾的人连奔跑都无法做到。然而一个女孩就做到了，创造了奇迹，她就是奥运历史上最伟大的女子短跑运动员威尔玛·鲁道夫。

威尔玛4岁的时候，不幸患上双侧肺炎和猩红热，虽然侥幸活了下来，但是由于猩红热引发小儿麻痹，她的左腿落下残疾，不得不依靠拐杖行走。直到11岁，威尔玛还不能正常行走，但是她始终没有停止练习走路。为了让左腿变得强壮，她穿上了一双特制的鞋子，每天练习走路，一个小时、两个小时，甚至更长时间。慢慢地，她可以正常行走了，并且能奔跑、运动。她还喜欢玩篮球，每天都在后院打篮球，并且参加了学校的女子篮球队。在诸多篮球比赛中，她都表现出色，还在一场比赛中得到49分，打破了田纳西州的纪录。

13岁时，学校举办短跑比赛，威尔玛积极报名参加。这令所有人震惊，因为没有人相信她会跑得快，更没有人相信她能拿到第一名。可结果是，她一举夺得100米和200米的短跑冠军。整个学校都震惊了，所有人都为她喝彩，更敬佩她惊人的毅力。

当然，威尔玛也备受鼓舞，她相信只要自己有强大的信念与意志力，便可以突破自己，做自己想做的任何事。之后，她每天都坚持练习短跑，练得小腿发胀、酸痛也不放弃，不管风吹日晒都始终如一。

她说："我每天都在跑，而且产生了一种决断的感觉，这种感觉就是无论发生什么事情，我都不会放弃。"于是，她的奇迹人生开启了！16岁那一年，威尔玛入选美国1956年墨尔本奥运会短跑代表队，第一次参加奥运会，虽然在个人项目200米上未能进入决赛，但是在女子4×100米接力赛中与队员拿到了好成绩，获得了铜牌。1960年，在美国田径锦标赛上，她创造了200米短跑世界纪录。之后，她进入田纳西州立大学，接受训练，顺利入选美国的罗马奥运会代表队。这一次，她夺得了100米、200米和4×100米接力3项比赛金牌，赢得了"黑羚羊"的称号。

1962年，她退出田径比赛，开启教师生涯，做了教练，随后成立以自己名字命名的基金会，用于培养年轻运动员。

一个从小左腿残疾的女孩战胜了命运，成为震惊世界的"跑得最快的女人"，依靠的便是意志力。它是根植于人内心的伟大力量，对于自己的成功具有举足轻重的作用。

那么，超强的意志力来源于哪里？

心理学家认为，人的意志不是与生俱来的，它的形成受先天生理因素的影响，但是更多地取决于后天环境与所受教育的作用。与认识、情感一样，意志是一种心理过程，是人脑的一种机能。人的大脑皮层是人体活动的最高指挥部，它的一种神经机制（一个使神经冲动从外向内传再由内向外传的机制）对于人体运动具有非常重要的意义。它可以感受来自人体器官的神经冲动，并且调节其各项活动。就是说，人体受到的各种刺激会通过暂时的神经联系，引发大脑皮层神经细胞的兴奋与抑制，进而引起或抑制相关活动。同时，人体的每一个运动都会给大脑信号，大脑会根据这个信号来调整、矫正人的活动，这样一来，人就实现了自己的意志活动。

人的一切活动都是有意识的。在活动的过程中，人不仅能意识到自己的需求和目的，还可以调节自己的行动，以便实现预期目标，而意志力就在这样的行动中体现出来了。人的意志力又取决于潜意识，这就产生了一个有关意志力的矛盾，即意志力具有强大的自我引导力量，但在实际行动中又必须通过潜意识来决定如何发挥这种潜能，以及发挥多大的潜能。

因此，想要修炼意志力，让其发挥出巨大能量，我们需要学会驾驭自己的潜意识，不断给潜意识积极的暗示，促使我们的身体爆发出强大的能量。同时，我们需要给自己树立一个目标，让心中有一个美好、积极的期待，可以制定小目标，从小目标开始，然后一点点努力进步，实现突破；想象自己的意志力很强大，并且下定决心成为一个意志力强大且坚定的人。

我们还需要远离身边的意志力"杀手"，包括生活不积极的人、负面情绪的干扰等。远离这些"杀手"，我们的情绪才会积极，向潜意识传输的信息就是积极的，更有利于内心形成一股强大的力量。

我们要停止与自己对比，并且要敢于接纳意志力薄弱的自己。接纳自己，是正确认识自己、改变自己的前提。比如，当我们发现自己意志力不强大时，不要逃避，不要强行压制，而是对着镜子正视自己，并且对自己说："我的意志力还比较薄弱，这将给我带来很大伤害。我要接受训练，让意志力变强大！我相信，我能改变！"如此一来，我们才能从意识、潜意识方面寻求改变。

最后，意志力的培养不是靠智力，而是靠体力。虽然体力好，意志力不一定强大，但是体力不好，意志力就一定不会强大。所以，我们必须加强身体、体力的锻炼，强健体魄。

摸清潜意识特征，找到有效改造方法

要做出一番事业，实现最大价值，必须树立自信，明确目标，开发自身的最大潜能。我们一直强调，人具有巨大的潜能，生活中所发挥出来的能力，只占了蕴藏能力很小的一部分，就是告诉大家：潜意识的能量是非常巨大的。这也是潜意识的一大特征。

因为潜能与潜意识有关，潜能就存在于潜意识之中。任何人身上都有巨大的潜能，只要潜能得到充分发挥，就可以成为卓越者。那些被人们称为天才的人，做出一番惊天事业的人，只不过是充分激发了自身的潜能罢了。就拿20世纪的科学巨匠爱因斯坦来说，在他去世后，科学家对他的大脑进行研究。结果发现，他的大脑的体积、重量、构造以及细胞组织都与普通同龄人没有区别。就是说，他之所以成就伟大的事业，并不取决于大脑的与众不同，而是在于他开发了自身的最大潜能。所以，不论做什么，我们都需要用科学的方法开发自身潜能，而不是将其埋没在潜意识中，不被发现，不能发挥其作用。

除了能量巨大之外，潜意识还有以下几个特征。

第一，它不会分辨你的想法是好还是坏，是积极还是消极，是正确还是错误，只会根据你给它的指示、暗示执行。

第二，记忆力差，需要重复刺激或强烈刺激。习惯就是潜意识中最常见的表现形式，比如我们要养成早睡早起的习惯，需要多次给自己鼓励，坚持早睡早起，养成习惯，潜意识才会起到积极的作用，促使我们坚持下去。同样，那些痛苦的经历、不幸的遭遇以及严重的伤害则更容易给潜意识以刺激，促使消极情绪丛与情结产生，进而影响我们的行为、思维以及生活。

第三，潜意识还容易受图像刺激，且分不清哪些是自身经历，哪些是自我想象产生的图像。所以，如我们之前所举的例子一样，当我们想象投篮的图像、纠正错误的动作时，会有提升投篮命中率的效果。

第四，在潜意识中，情绪对我们的影响是最大的。就是说，潜意识最容易接受带有感情色彩的信息，而且情绪波动越大，越容易被接受、吸收、贮藏。不妨回想一下，我们进行自我暗示的时候，是满怀激情地、大声地告诉自己"我能行""我一定成功"有效，还是平和地、情绪毫无波澜地说这些话有效？

第五，潜意识可以直接支配人们的行为。我们的一些习惯性动作、行为，以及"奇怪"的行为，都受潜意识的支配。比如遇到困难，我们会不自觉地想到失败、后退，于是行动上就消极了。

第六，潜意识能自动帮助我们解决问题。比如，我们苦思冥想某一难题，却怎么也想不到思路，于是便不再想它。结果，当你休息或做其他事情时，思路就来了，顺利地解决了问题。

第七，当人身心放松时，潜意识最容易接收信息的刺激。大脑研究学者发现，潜意识在α波状态最容易吸收外界的信息，而身心放松则是把大脑迅速调整到α波状态的有效方法。而且，如果我们身心紧张、紧绷，就会产生抗拒心、排斥心，不仅无法让意识与潜意识安静下来，还很难与它沟通、传递信息。我们进行暗示、想象以及控制情绪时，都需要让身体放松，让内心平静下来，就是利用了这一原理。

知道了潜意识的特征，我们便可以找到发掘和改造它的有效方法。那么，我们需要掌握哪些有效方法呢？

第一，直接输入信息。

比如，我们想要实现某个目标，可以利用这个方法——把目标信息直接输入潜意识。可以把目标写在纸上，每天早上、晚上各阅读10遍，也可以把它贴在镜子前、电视上、冰箱门上，让自己随时可以看到。

再如，你自己情绪消极，可以听一些愉快的音乐，不需要刻意留神听，做事、睡前的时候都可以听。因为就算意识听不到，潜意识也能听到，进而让积极的情绪代替消极的情绪。

第二，有效暗示。

暗示是发掘潜意识的有效方法，不管是积极暗示还是消极暗示，都对潜意识有很大的作用。对于这个问题我们已经进行了详细讲解，这里不做重复。不过，需要注意一点：早上起床前、晚上睡觉前这两个时间是潜意识最活跃、最容易接收信息的时刻，我们最好在这个时刻进行积极暗示。暗示语要明确，简单有力，具有可行性，可以大声，也可以小声、无声，暗示时要展开丰富想象，想象所追求目标的形象、图景和情景。

第三，利用视觉刺激。

因为潜意识更容易受图像刺激，所以我们需要巧妙地利用视觉刺激法。可以把目标、追求写在纸上，放在一个醒目的位置；可以观看相关的图片、影片；也可以进行想象，在大脑中形成画面，对潜意识进行强化刺激。

发掘潜意识，以积极的方式刺激它发挥最大能量，我们才能成就不一样的人生。

驾驭的前提：主动与潜意识沟通

潜意识像一个小孩子，力量大，好奇贪玩，吸收所有的信息（包括积极的，也包括消极的）。同样，我们的所有行为、喜怒哀乐以及身体里的一些重要部分，包括免疫系统、内分泌系统等都是由潜意识控制的。所以，我们需要认识与感受这一强大而神秘的力量，积极地与它沟通。

与潜意识沟通其实并不难，我们越是肯定它，对它表示欣赏与感谢，它越容易被驾驭，进而释放出强大的能量。研究潜意识的心理学专家约瑟夫·墨菲说："我们要不断地用充满希望和期待的话与潜意识交谈，这样一来，潜意识就会让我们的生活状态变得更明朗，让我们的希望和期待实现。"

他之所以得出这样的结论，是因为有亲身经历。约瑟夫早年因为接触有毒的化学物质而患上了皮肤癌，虽然他服用了很多药物，也接受了许多治疗，但是效果并不好，病情反而越来越严重。后来，他尝试着让自己变得积极起来，希望通过祈祷与积极暗示与潜意识沟通，让潜意识影响自己的情绪与心态。他不断地用健康、快乐的话与潜意识交谈，给自己输入积极的思想，结果奇迹发生了——几个月后，他的情绪与心态变得积极了，病情也出现好转的迹象。

当我们说话、思考以及行动的时候，是意识在积极地活动着，潜意识是隐藏着的，不被显现出来。所以，想要与潜意识沟通，我们需要让自己平静下来，最简单的办法是深呼吸三次，然后放松肩膀、松弛全身。身体松弛下来，潜意识也就放松了，便于我们与其沟通。

不妨思考一下，每当我们紧张、恐惧的时候，是不是让自己平静与放松下来，心理暗示才能起到最大作用？每当我们烦躁、不安的时候，是不是置身安静的环境，平和地与心灵对话，效果才最佳？这些就足以说明了这一点。

当然，与潜意识沟通也是有技巧的，不是说你愿意沟通，它就能积极地配合，更不是说你沟通了，潜意识中的消极成分就消除了，它只给我们积极的引导与影响。那么，如何才能有效地与潜意识沟通呢？

第一，尽量不要用"不""无""没"等否定词句。

我们说过，潜意识听不懂"不"，并且没有分辨能力，所以与它沟通时尽量不要使用否定词语，如"不要紧张""不要失败"等，否则只会适得其反，强化负面的行为。因为对于潜意识来说，词汇就是命名，它只"听到"紧张、失败等关键性信息，而自动忽略前面的否定修饰。

第二，把注意力放在全身的感觉上。

潜意识需要的是全身的感觉，而不只是大脑。如果只是用大脑思考，那么是无法发挥潜意识的巨大力量的。同样，如果只是用大脑在想，企图与潜意识沟通，其效果也是不明显的。我们想要达到良好的沟通效果，需要把注意力放在感觉上，放松全身，感受心脏的跳动。

第三，用正面、准确的指令。

潜意识很简单直接，喜欢并善于接收正面、准确的指令，而不是模糊不清的请求。所以，与潜意识沟通时，要说"我要……""我能做到……"态度要坚定，指令要简短、清晰。

第四，在开始和结束时要说"谢谢"。

在与潜意识的沟通过程中，我们要说"谢谢"，再发出指令，这样一来，潜意识便知道我们肯定、接受、认同它，而不是排斥、拒绝它；结束时说"谢谢"，则可以让潜意识变得积极，更清晰地执行指令。当潜意识接受了我们，沟通才会变得容易、有效。